物理现象的探索性研究

EXPLORATORY STUDY OF PHYSICAL PHENOMENA

主　　编	李宝兴		
副 主 编	杨建宋	詹士昌	
编写人员	方华基	徐以锋	梁方束
	李朝阳	赵力红	蒋永贵
	吴　平		

U0277326

 ZHEJIANG UNIVERSITY PRESS

浙江大学出版社

图书在版编目（CIP）数据

物理现象的探索性研究 / 李宝兴主编. — 杭州：
浙江大学出版社，2013.8
ISBN 978-7-308-11920-7

Ⅰ. ①物… Ⅱ. ①李… Ⅲ. ①物理学－研究 Ⅳ.
①04

中国版本图书馆CIP数据核字(2013)第176114号

物理现象的探索性研究

李宝兴 主编

责任编辑	徐素君 sujunxu@zju.edu.cn	
出版发行	浙江大学出版社	
	（杭州市天目山路148号 邮政编码 310007）	
	（网址：http://www.zjupress.com）	
排 版	杭州林智广告有限公司	
印 刷	浙江印刷集团有限公司	
开 本	710mm×1000mm 1/16	
印 张	16.75	
字 数	300千	
版 印 次	2013年8月第1版 2013年8月第1次印刷	
书 号	ISBN 978-7-308-11920-7	
定 价	68.00 元	

前　言

物质的形态、结构、性质(诸如高度、速度、温度、电磁性质等)的变化所产生的物理现象多姿多彩、奇妙无穷,又无处不在、无时不有。探索它们的变化规律、揭示其物理本质,一直是人类千百年来孜孜以求的目标。正如杨振宁先生曾经说过的那样,物理学最重要的部分与现象有关,绝大部分物理学从现象中而来,现象是物理学的根源,也是物理探究的源泉。伴随着对物理现象的探究过程,我们已经积累了丰富的物理知识。

大学物理教学中普遍存在"学生觉得难学,教师认为难教"的情况,而推广物理演示实验是解决这个问题的有效手段之一。教师利用课堂和课外时间为学生演示物理现象,让他们感受物理现象的美妙和神奇,并在操作过程中引导学生对实验进行观察、思考和分析,把探索枯燥的科学理论寓于生动有趣的物理实验之中,这不仅能够大大促进各专业学生学习物理的兴趣,而且还能培养学生良好的学习态度和科学的学习方法,有利于培养学生的科学素质,激发学生的创新意识。

目前,在初、高中物理教学中,非常注重探究性学习。探究性物理教学实施的一个很好的途径,就是通过实验和实验问题,创设手脑并用的活动情景,激发学生的求知欲望,以提高学生的探究能力。本书可以作为中学物理实验教学的参考书,通过实验观察有趣的物理现象,与实验问题无缝对接,具有很强的针对性和可行性。

本实验教程包括81个演示实验,其中力学部分30个,电磁学部分25个,光学部分20个,近代物理部分6个,大多贴近生活,所需的实验装置结构简单,操作方便,演示直观。书中配有实验装置照片或简图,对实验操作和实验过程中的现象以及注意事项均有叙述;在介绍实验原理时,尽量避免繁琐的物理公式,力求语言通俗易懂;并加入了与实验内容相关的应用拓展或知识拓展,以开阔学生的眼界,扩大知识面,有意识地引导学生去探索各实验项目以外的物理规律;每个实验后附有思考题,以加深学生对实验所涉及知识的理解。

　　本书适用于高校本科和专科各专业的师生,也可作为中学校本实验课程和高中选修课的主要参考书,同时可作为初、高中教师培训的教材,还可供对物理实验有兴趣的其他读者参考。

　　本书主编李宝兴,参与编写的人员有杨建宋、詹士昌、徐以锋、方华基、梁方束、李朝阳、蒋永贵和赵力红,全书由吴平和李宝兴统稿。

　　编者真诚地希望读者对书中存在的缺点和错误给予批评指正。

主　编

2013.7

目　录

2 电磁学部分

3　光学部分

4 近代物理部分

力学部分｜01
Part 01:Dynamics

惯性离心力
Inertial Centrifugal Force

我们都有过这样的经历：如果将伞旋转起来，那么伞面上的雨水将会被甩出；当车辆在公路弯道处行驶时，车辆有往外滑离的现象，而坐在车内的人往往会向外侧倾斜。是什么原因产生这样的现象呢？原来是惯性离心力在起作用。利用惯性离心力可以为我们服务。离心机就是利用惯性离心力原理制成的仪器。它是生物化学、分子生物学等实验室常备的仪器，用于快速分离各种生物样品。

■ 实验装置

惯性离心力演示仪如图1所示，底座机盒内装有电机，转盘下端固定在电机的转轴上。转盘上的玻璃管内置有石蜡球和塑料球，石蜡球的密度小于水，而塑料球的密度大于水，管的两端用塞子塞紧。石蜡球和塑料球在电机开启后旋转，并可沿玻璃管上下移动。

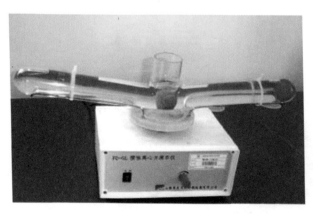

图1 惯性离心力演示仪

■ 现象观察

1. 在V形玻璃管内注入清水，先后放入石蜡球、塑料球和隔离圈，管的两端用塞子塞牢。转盘静止时，可观察到塑料球（重球）位于透明管的底部，而石蜡球（轻球）浮在管的外侧水平液面上，如图2所示。

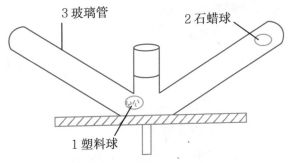

图2 V形玻璃管静止时塑料球和石蜡球状态示意图

2. 按下启动开关,将转盘转速由低向高缓慢调节,观察塑料球和石蜡球的运动状况,发现它们在玻璃管内发生有趣的位置转换:塑料球逐渐上升,从玻璃管的中心浮到水面上;而石蜡球却逐渐下降,从玻璃管外侧落到管的底部,并停留在中心处。

3. 松开启动开关,电机转速逐渐降低直至停止,继续观察两球的运动状况。发现随着转盘转速的减慢,石蜡球从玻璃管的中心上升,并最终浮在玻璃管外侧的水面上;而塑料球却从玻璃管外侧向下回落到底部,最后停留在中心位置。

■ 现象解密

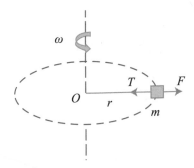

图3 做圆周运动物体所受的惯性离心力

有一光滑水平圆盘,可绕中心 O 旋转,质量为 m 的物体被细绳系在距离旋转中心 r 处,如图3所示。让绳拉着物体在水平面内绕 O 做圆周运动,物体转动速率为 v、角速度为 ω。此时绳子的张力 T 充当向心力,$T = mv^2/r = m\omega^2 r$。如果观察者站在圆盘上,随物体 m 一起旋转,就会发现物体 m 处于平衡状态,加速度为零,受到的合力却不为零,显然违背了牛顿第二定律。这是怎么回事呢?

实际上,牛顿定律只有在惯性参照系中才成立,惯性参照系就是用牛顿第二定律定义的参照系,在此参照系中,一个不受力的物体将保持静止或做匀速直线运动。图3中,圆盘上旋转的物体 m 在受到向心力 T 的同时,还受到与向心力大小相等、方向相反的 $F_惯$ 的作用,并且转速越大,$F_惯$ 也越大。$F_惯$ 称为惯性离心力,简称离心力。

显然惯性离心力(或离心力)在非惯性系中观察时,不是物体间的相互作用,也没有反作用力,是个实际并不存在的虚拟力。

本实验利用密度分别大于和小于水的两个小球在旋转玻璃管中的上升和下降,来显示转动系统中液体内部压强的变化及所受到的惯性离心力。

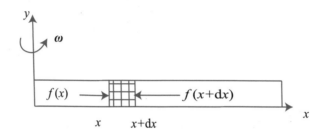

图4 水平玻璃管内液体在旋转时的受力示意图

为方便起见,设玻璃管水平放置,管的截面积为 S ,管内充满密度为 ρ_0 的液体,玻璃管可绕其一端以角速度 ω 转动,如图4所示。在坐标 x 处取长为 dx 的一小段液柱,其质量为 $dm = \rho_0 S dx$,该液柱左右两边的液体对它的作用力分别为 $f(x)$ 和 $f(x+dx)$,由于液柱做角速度为 ω 的圆周运动,有

$$f(x+dx) - f(x) = \omega^2 x dm = \rho_0 S \omega^2 x dx \qquad \text{①}$$

由式①解得

$$f(x) = \frac{1}{2} \rho_0 S \omega^2 x^2 \qquad \text{②}$$

液体内部距转轴 x 处的压强为

$$p(x) = \frac{f(x)}{S} = \frac{1}{2} \rho_0 \omega^2 x^2 \qquad \text{③}$$

由式③可见,管内离转轴越远的地方,液体的压强越大。

如果将一个长为 l 、截面积为 S 、密度为 ρ 的物体放入管中坐标为 x 的地方,则它受到的合力为

$$F = \frac{1}{2} \rho S \omega^2 [(x+l)^2 - x^2] - \frac{1}{2} \rho_0 S \omega^2 [(x+l)^2 - x^2]$$

$$= \frac{1}{2} (\rho - \rho_0) S \omega^2 [(x+l)^2 - x^2] \qquad \text{④}$$

式④为物体本身由于绕轴旋转而受到的惯性离心力以及管内液体作用在物体两端压力的合力。由式④可得出以下结论：

①当 $\rho > \rho_0$ 时，$F > 0$，物体在绕轴旋转的同时，将沿 x 轴正方向运动而远离转轴；

②当 $\rho < \rho_0$ 时，$F < 0$，物体在绕轴旋转的同时，将沿 x 轴负方向运动而靠近转轴；

③当 $\rho = \rho_0$ 时，$F = 0$，物体将稳定地在 x 位置处绕轴旋转。

本实验装置中的玻璃管不是水平放置的，为方便向管内灌入液体，将管子设计成两端向上翘起的 V 字形。放入玻璃管的物体为两个小球，其中塑料球的密度大于水，另一个石蜡球的密度小于水。小球在管内绕轴转动时的受力分析及运动情况与管子水平放置时类似，只略有不同。

■ 应用拓展

在工农业生产和日常生活中，离心技术已得到十分广泛的应用。离心技术的作用，主要体现在以下几方面：

1. 离心沉降技术

无论液体还是固体颗粒，装在容器中绕轴旋转时，都会由于离心力的不同而按比重大小分层排列，比重小的离转轴近，比重大的离转轴远。利用这一原理，可将不同比重的液体或固体颗粒分离开来，沉降速度取决于颗粒的质量、大小和密度。

在生物科学，特别是在生物化学和分子生物学研究领域，这种离心沉降技术主要用于各种生物样品的分离和制备。许多生物化学和分子生物学实验室都要装备多种型式的离心机。生物样品悬浮液在离心机中高速旋转，由于巨大的离心作用，使悬浮的微小颗粒（细胞器、生物大分子等）以一定的速度沉降，从而与溶液分离。沉降速度取决于颗粒的质量、大小和密度。生物医学实验室中就是利用离心机，根据离心力大小的不同，分离血清中红细胞和白细胞。此外，离心沉降法还可用来提取奶油、分离酵母，用于净化污水等多种用途。

2. 离心过滤技术

如果在高速旋转的容器上开满小孔，在容器旋转过程中，容器内的液体便会受到离心力的作用而被抛甩出来，大于小孔直径的物体则被留在容器内。家用洗衣机中衣服的甩干就是利用了这种离心过滤的方法。

3. 离心浇铸

将熔化的液体金属注入绕固定轴高速旋转的模具中,液态金属将被甩向模具壁而紧压模具,同时夹杂其中的气体和熔渣将从金属中分离出来,用这种办法浇铸的金属零件密实均匀,不含气泡、残渣和裂痕,可大大提高浇铸质量。

■ 思考题

1. 针对本实验装置中的V形玻璃管,分析管内小球绕轴转动时的受力情况,并讨论当小球的密度大于、等于、小于液体密度时的运动状态。(提示:此时小球除受到式④所表达的力外,还要考虑小球的重力、管壁的压力、液体对它的浮力等的作用。)

2. 匀速转动与变速转动的参照系都是非惯性系吗?

3. 请找出几个生产生活中利用离心技术的装置,并分析其工作原理。

4. 提出一个利用离心现象的创新设想。

物态和惯性

Matter State and its Inertia

牛顿第一定律认为惯性是物体的固有性质,物体惯性的大小由其质量决定,而与运动状态无关。那么惯性是否与物体的存在形态,即固态、液态等有关呢?

■ 实验装置

两个相同的圆柱形透明玻璃瓶、大米、一片黄色塑料膜、一块光滑木板等。

■ 现象观察

称出玻璃瓶质量,其中一个玻璃瓶中灌满大米(尽可能多装),另一个玻璃瓶中装有相同质量的水。将两个圆柱形玻璃瓶放在木板斜面上的同一高度,让它们同时滚下(如图1所示),观察哪个玻璃瓶滚得快、滚得远。

两玻璃瓶同时释放后,观察到在斜面上,装水的玻璃瓶滚得快(如图2所示),但到了地面上滚动一段距离后,发现装大米的玻璃瓶滚动速度会超过装水的玻璃瓶,最终装大米的玻璃瓶滚得更远。

图1 两玻璃瓶同时释放

图2 两玻璃瓶下滚过程

■ 现象解密

上述分别装有大米与水,但总质量相同的玻璃瓶,它们的滚动情况是否说明相同质量的物体运动状态的改变与物体的存在形态有关呢? 我们分别对以上两种情况进行定量分析。从实验观察发现,两个玻璃瓶都没有明显的滑动,因而假设它们都做纯滚动。

1. 装大米的玻璃瓶

玻璃瓶在下滚的过程中,我们发现玻璃瓶中的大米与玻璃瓶没有相对运动,而是一起滚动下来的。如图3所示,设玻璃瓶与大米的总质量为 M ,沿斜面下滑某一瞬时速度为 v 。由于大米被完全挤压在一起,大米与玻璃瓶就相当于是一个实心圆柱体,其纵向轴转动惯量为 I_1 ,瞬时转动的角速度为 ω , g 为重力加速度, h 为斜面的高度。玻璃瓶下滚的过程中机械能守恒,得运动方程为

$$\frac{1}{2}Mv^2+\frac{1}{2}I_1\omega^2+Mg(L-s)\sin\alpha=c_1\ (c_1\ 为常数)$$

玻璃瓶转速 $\omega=\frac{v}{r}$,设玻璃瓶与大米总的转动惯量为 $I_1=M\frac{r^2}{2}$ 。则上述运动方程可化为 $\frac{3}{4}Mv^2+Mg(L-s)\sin\alpha=c_1$ (r 为两个玻璃瓶的半径),运动方程对时间求导之后,得 $a_1=\frac{2}{3}g\sin\alpha$ 。

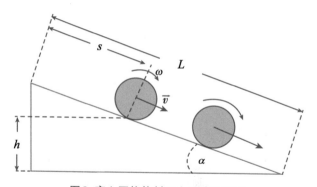

图3 实心圆柱体斜面上下滚示意图

2. 装水的玻璃瓶

透过玻璃瓶,我们发现虽然玻璃瓶是滚下来的,但是瓶中的水开始时并未旋转滚动(为便于观察,本实验中瓶内放入了黄色塑料膜)。玻璃瓶中的水只是沿斜面向下滑动。设透明玻璃瓶的质量为 m ,玻璃瓶与水的总质量为 M 。一个空心玻璃瓶绕纵向轴旋转惯量 $I_2=mr^2$, $\omega=\frac{v}{r}$, $m=kM$, $k<1$ 。 $\frac{1}{2}Mv^2+\frac{1}{2}I_2\omega^2+Mg(L-s)\sin\alpha=c_2$, c_2 为常数。将 $I_2=mr^2$, $\omega=\frac{v}{r}$, $m=kM$ 代入,得

$$\frac{1}{2}Mv^2(1+k)+Mg(L-s)\sin\alpha=c_2$$

对运动方程时间求导,得 $a_2=g\sin\alpha\cdot\frac{1}{1+k}$ 。我们发现刚开始时,装水的玻璃瓶

比装大米的玻璃瓶滚得快,即 $a_1 < a_2$,则需要满足 $\dfrac{2}{3}g\sin\alpha < \dfrac{g\sin\alpha}{1+k}$,得 $k < \dfrac{1}{2}$ 。

根据测量值: $M = 554.8\text{g}$, $m = 96\text{g}$, $k = 0.173$ 。所以,装水的玻璃瓶开始滚动时的角加速度较大,滚得自然较快。

但在下滚以及在平面上滚动的整个过程中,装大米的玻璃瓶由于米与玻璃瓶之间没有相对运动,可看作为一个刚体,在斜面上势能转化为动能,在水平面上,动能全部转化为克服与地面间的摩擦力所做的功。而装水的玻璃瓶中由于水与玻璃瓶之间有相对运动,存在摩擦,在整个运动过程中,玻璃瓶会带动水而使水逐步转动,因而内部就会消耗能量,故在水平面上滚动距离就短。

■ 应用拓展

相同的玻璃瓶,如果一个玻璃瓶里装满大米,而另一个玻璃瓶里没有装满大米,则它们的运动情况又如何?哪个先到达最低点,哪个在水平地面上滚得较远呢?

■ 思考题

1. 如何辨别一个鸡蛋是生的还是熟的?
2. 你能否想象油罐车内部的结构是怎样的?

科里奥利力
Coriolis Force

我们都有这样的经历:在盥洗池里装满水,然后拔掉橡皮塞,水往下流时总是会产生逆时针方向的旋涡。是什么原因使水流产生旋涡呢? 原来是由于地球的自转,使得在其表面流动的流体受到一个被称为"科里奥利力"的惯性力的作用。

■ 实验装置

科里奥利力演示仪如图1所示,由转盘、飞轮等组成。转盘可绕竖直支承轴自由转动,飞轮可绕水平自转轴转动。飞轮边缘上用绳连结许多塑料串珠,串珠可随飞轮一起运动。

图1 科里奥利力演示仪

■ 现象观察

(1)一手握住底座上方的转盘,使转盘固定;另一手驱动飞轮,使飞轮绕水平自转轴转动。可观察到飞轮边缘上的塑料串珠都在同一竖直平面内做圆周运动,呈一朵花的形状。

（2）在驱动飞轮绕水平自转轴转动的同时驱动转盘，使飞轮绕转盘支承轴转动。可观察到塑料串珠构成的花的形状发生改变，串珠在其竖直转动平面产生向内或向外的偏移，并且当串珠处于上端和下端时，向内外偏移的现象最为明显。

现象解密

1835年，法国物理学家科里奥利（1792—1843）从数学和实验角度研究自旋表面上的运动问题时提出，为了描述旋转体系（非惯性参考系）中物体的运动，需要在运动方程中引入一个惯性力，这就是科里奥利力。本实验中，绕水平自转轴转动的飞轮边缘上的塑料串珠向内或向外偏移的原因，正是由于受到了科里奥利力的作用。

根据科里奥利力的公式

$$f_r = 2mv_r \times \omega_r \qquad\qquad ①$$

其中，f_r 为科里奥利力，m 为质点的质量，v_r 为质点相对旋转体系（非惯性参考系）运动的线速度，ω_r 为质点绕垂直轴转动的角速度，质点受到科里奥利力的方向由速度 v_r 与 ω_r 的叉积来确定。在科里奥利力的作用下，质点运动方向发生偏移。

用图2可解释本实验中串珠运动方向发生偏移的情况。图中 O 为飞轮的自转轴，该轴垂直于纸平面，图中的小球代表飞轮边缘上的塑料串珠。设飞轮绕自转轴在纸平面内逆时针方向转动，每个串珠的速度方向沿圆周切线方向；同时整个实验系统（自上向下看）绕垂直支承轴逆时针方向转动，角速度 ω_r 的方向向上。

图中位于角度 θ 处的2号串珠所受到科里奥利力的大小为

$$f_r = 2mv_r\omega_r \sin\theta \qquad\qquad ②$$

科里奥利力的方向（由 $v_r \times \omega_r$ 来确定）垂直纸面向内，因此，该串珠会向内偏移。

对应不同位置的串珠，其方位角 θ 也不同。由式②不难看出，图中1号和5号串珠所受到的科里奥利力为零。3号和7号串珠所受到的科里奥利力最大，因此这两个串珠的偏移最大。其中3号串珠所受到的科里奥利力垂直纸面向内，从而向内偏移；而7号串珠所受到的科里奥利力垂直纸面向外，从而向外偏移。用同样方法，可判断图中位于上半平面的串珠均向内偏移，

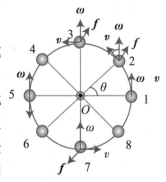

图2 转盘和飞轮同时转动时串珠的受力情况

位于下半平面的串珠均向外偏移。

■ 应用拓展

地球本身就是一个转动的非惯性系。当地球上的物体运动时,如果运动速度与地球自转轴不平行,就会受到科里奥利力的作用,从而形成一系列的如"落体偏东"、"大气环流"等现象。但地球上运动物体所受的科里奥利力通常比较微弱,只有物体相对地球的运动速度比较大、时间比较长时,科里奥利力作用的效果才比较显著。

从高处自由落下的物体,由于受到科里奥利力的作用,会发生向东的偏移,即所谓"落体偏东"现象。由科里奥利力公式,当物体从赤道上空下落时,受到的科里奥利力最大,落体偏东现象最明显,而在两极时减小至零。落体偏东的距离 s 为

$$s = \frac{2}{3}\omega\sqrt{\frac{2h^3}{g}}\cos\phi \qquad ③$$

式中:ω 为地球自转角速度,ϕ 为落体所在的纬度,h 为物体下落时离地面的高度。例如,杭州市位于东经 120°11′24″、北纬 30°15′36″,若物体从 60 米高(相当于二十几层高的建筑物)自由落下,则落体将偏东约 0.86cm。不过由于风等其他因素的干扰,落体偏东现象通常是难以察觉的。

对于射程较远、速度较大的远程炮弹或导弹来说,科里奥利力的作用效果就比较明显。因此,当炮弹远程射击时,必须考虑科里奥利力所引起的射弹偏差,事先对大炮的射向做适当修正。第一次世界大战时,英国舰艇在一次海战中向德艇开炮,每次炮弹都落在德艇左侧 100m 远的地方。原来瞄准器设计时是考虑英国本土(约北纬 50°)附近的科里奥利力影响,并对大炮做向左校正的,海战却位于南半球(约南纬 50°),应向右校正才对,结果导致出现了双倍的向左偏差。

■ 思考题

1. 飞轮转动方向不变,改变转盘转动方向,观察串珠的偏移方向是否改变,分析原因;转盘转动方向不变,改变飞轮转动方向,观察串珠的偏移方向是否改变,分析原因。

2. 在北半球,若河水自南向北流,则东岸受到的冲刷严重,试用科里奥利力进行解释。若河水在南半球自南向北流,哪边河岸冲刷较严重?

3. 美国科学家谢皮诺曾注意到浴盆内的水泻出时产生的旋涡,当水从底部中心有孔的大盆泻出时,可在上方看到逆时针方向的旋涡。若在澳大利亚做同样的实验,会看到什么现象?为什么?

沙漏超失重

Overweight and Weightlessness of Sandglass

沙漏也叫做沙钟,是一种古老的计时装置。如图1所示的沙漏是由两个玻璃球和一个狭窄的连接管道组成的,根据沙子从上面玻璃球漏到下面玻璃球的数量来计量时间。试想把沙漏悬挂起来,在沙子漏下的过程中,沙漏是否会出现超重与失重现象?

图1 沙漏

■ 实验装置

自制沙漏、计算机、力传感器及其相应软件。

实验所用沙漏自制,原料包括两个大塑料可乐瓶、沙子、不干胶等。将其中一个可乐瓶的底部切除,另一个的瓶颈部切除,用不干胶粘贴在一起构成一个大容器C,其高度为 H ;容器C的瓶口与切除下来的瓶颈口对口用不干胶连接,并在这两个瓶口中间做一个移动开关B,如图2所示。沙漏悬挂在力传感器A的下端,传感器与计算机连接,通过相应软件实时采集数据。

■ 现象观察

首先闭合开关B,使沙子在沙漏上部处于静止状态,然后打开开关,沙子开始下落,稍后沙子全部落到C的底部。在整个过程中,观察到实验装置有所振动。采用力传感器实时采集和记录数据,发现沙子下落过程中的数据发生了变化,表明沙漏出现了超重与失重现象。

■ 现象解密

1. 理论分析

实验过程中,沙子的运动状态可分为静止处于上端、开始落下、在空中、与下端容器壁撞击、静止在下端五个阶段。

第1阶段:沙子全部在沙漏的上面(见图2),并处于静止,显然沙

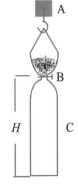

图2 简易沙漏

漏不可能失重或超重,这时力传感器测得沙子与容器的总重力为 G。

第2阶段:部分沙子开始下落,但尚未到达沙漏的底部(见图3)。假设沙子从静止开始均匀下落,单位时间下落的质量为 m,从沙漏上端沙子出口到底部(或下面沙堆)的高度为 H,则下落时间 $t = \sqrt{\dfrac{2H}{g}}$(g 为重力加速度)。在小于 t 的时间内,沙子没有与沙漏底部(可乐瓶)发生碰撞,因而没有对其施加压力。因此,传感器将会产生失重,最大失重的力 $G_0 = mgt$,即在空中沙子所受到的重力 $G_0 = m\sqrt{2gH}$。

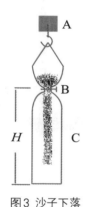

图3 沙子下落

第3阶段:沙子下落到底部,上下沙子相连(见图4)。沙子与底部撞击,产生冲击力。假设沙子是从静止开始下落,下落到沙漏底部(或是下端沙堆)撞击前的速度 $v = \sqrt{2gH}$,撞击后的速度为0。设撞击时间为 Δt,沙子对容器底的冲量等于沙子动量的变化量(选择向上的矢量为正方向)$\Delta I = 0 - (-\Delta tmv)$。根据动量定理,$\Delta t$ 时间内沙漏底部对沙子产生的作用力大小为 $F_1 - G_1 = \dfrac{\Delta I}{\Delta t}$。$G_1$ 为 Δt 内下落到容器底部的沙子重力,即 Δtmg。撞击的沙子所受到的作用力 $F_1 = mv + \Delta tmg = m\sqrt{2gH} + \Delta tmg$。容器底部受到沙子向下的反作用力,即冲击力大小为 $F' = F_1 = m\sqrt{2gH} + \Delta tmg$。力 F' 可使沙漏对传感器的拉力产生超重作用。同样,在空中还有沙子,其重力 $G_0 = m\sqrt{2gH}$。与此同时,在 Δt 时间内沙漏上部下落的沙子重力为 G_2,而且由于沙子下落的流量均匀,则 $G_2 = G_1 = \Delta tmg$。因而总失重量是 $G_0 + G_2 = m\sqrt{2gH} + \Delta tmg$。由于超重部分与失重部分数量相等,沙漏整体对力传感器的拉力保持不变,既不超重,也不失重,大小为 G。

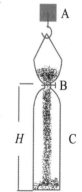

图4 沙子落到底部

第4阶段:上面的沙子漏完,即 G_2 为零,空中部分的沙子 G_0 也逐渐减少,由第3阶段推导可知失重部分减小了,而冲击力 F' 在所有的沙子没有碰撞完之前都不变,这样总体表现为超重,超重量为 $F_2 = m\sqrt{2gH} + \Delta tmg - m\sqrt{2gh}$,其中 h 为下落沙柱高度变化,取值范围为 $H \sim 0$。当 h 为 H 时,超重量最小,为 Δtmg;当 h 为0时,超重量最大,为 $m\sqrt{2gH} + \Delta tmg$。超重时间与失重时间一样与高度有关。

第5阶段:沙子全部下落到底部,处于静止状态,与第1阶段相同,可以测得沙

子与容器的总重力 G。

2. 实验验证

(1)实验设计

实验目的为观察沙子下落过程中沙漏的超重与失重现象,利用力传感器测量拉力,并与静止时沙子与容器的重力大小进行比较来反映这种变化。本实验采用Vinner LabPro传感器及其相应的软件进行数据采集与处理。自制沙漏下端容器长度为0.6米左右,确保在传感器采集频率范围内能较多地采集到数据。为了采集到完整的数据,不能让沙子从一开始就下落,否则实验过程就不完整。力传感器是在竖直平面内测量拉力,开关的开闭不能影响拉力的测量,所以应该在水平平面内开闭开关B。另外,要使超重失重现象较明显,必须具有较大的沙子流量。实验装置如图2所示。

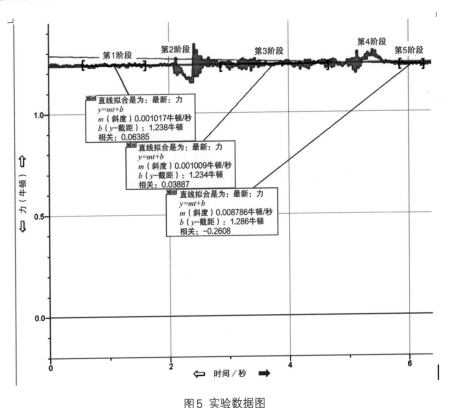

图5 实验数据图

(2)实验过程

①按图2所示,连接好实验装置,将力传感器的数据线与数据采集器相连,再

连接到计算机上。

②打开Vinner传感器应用软件,调整力传感器的受力大小与时间的坐标,并通过示波形式开始采集数据。

③打开开关B,使沙漏中的沙子落下。

④沙子下落结束后,停止采集,保存数据。

(3)实验数据分析

分别选取第1阶段、第3阶段、第5阶段区域进行直线数据拟合,得到如图5所示的三个截距,十分接近直线。这个截距就是沙漏静止时传感器测得的拉力,即容器与沙子的总重量,三个拉力相同,表明沙漏没有出现超重与失重现象。第2阶段沙子开始下落,其图线比第1阶段所反映的拉力要小,说明这时产生了失重现象,而且失重逐渐明显。第4阶段超重也是较明显的,其超重过程从小到大,而且从图像上可以测得第2阶段与第4阶段超重与失重的时间长度基本相同。这些与理论分析相吻合。

本传感器十分灵敏,稍有振动即能反映出来。从图5中可以看到,第2阶段初因开关B打开略有干扰而产生振动,第3阶段中由于沙子的冲力作用,使整个沙漏具有周期性的振动。

■ 应用拓展

有些不良商贩在对商品称重时作弊,以少充多,请问他们的伎俩是怎样实现的?

■ 思考题

如图6所示在左边沙漏沙子下落的过程中,能观察到天平发生变化吗?为什么?

图6 天平

逆风中行舟

a Sailboat Sailing against the Wind

　　帆船本身是无动力的,当有风吹在它的帆面上时,它会随之运动。在通常情况下,静水中帆船总是顺着风向而走。但有经验的帆船运动员或船夫,他们能巧妙地选择帆船的方向,有效地设置船帆与船的夹角,让船的航向与风向成一钝角,侧面迎风,同时间隔一段时间转动一次帆的取向,通过走"之"字形线路,实现帆船借着风力逆风航行。这现象可用来演示动量原理,特别是动量的矢量特点及其动量原理的实际应用。

■ 实验装置

　　实验装置为逆风行舟实验演示仪或自制演示仪。一个鼓风机,能够吹出方向确定且均匀的气流,一个水盆(最好面积稍微大一点),一个帆的方向可以转动且锁定的模型帆船,帆应该是弯曲的,前面的1/3长度和后面的2/3长度间成约40°的角度。

图片摘自:http://pec.buaa.edu.cn/yanshi/neirong_1_nifeng.htm

图片摘自:http://phy.ujn.edu.cn/expresou/upimg/userup/0905/221K10631E.jpg

现象观察

(1)先设置好风道与水槽的方位,调好帆形,把船放入水中,帆形、风向与船前进方向约为40°,帆面的前1/3部分应始终保持与风向平行,后2/3部分是拉紧的,且平行于前进方向。水面略低于槽沿(1~2cm),确保实验时水不晃出来。

(2)打开电源,启动风扇,让风向一定、风力均匀的风吹在水池的水面上。把船放置于水面风力均匀处,调节船使其斜帆方位与实验原理指示的一致,放开船,即可见到船沿侧逆风的方向行进。注意风力不宜太大。

现象解密

船可以逆风而行是因为风对船帆有作用力,且因帆的形状不同作用力方向也不同,我们可以用以下的模型来解释这一现象。假设帆对风来说是光滑的,摩擦力可以忽略,按照动量定理,风对帆的作用力 F_0 是垂直于帆的。这个力作用在帆上并传导给船体,并可分解为如图所示的垂直船的方向和沿船行进的方向两个分力 F_2 和 F_1 。

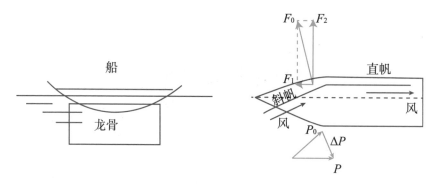

但这两个分力对船的运动起的作用是明显不一样的。因为船底设有龙骨,使船侧向运动的阻力很大,即使有力 F_2 从侧面作用于船,由于水的阻力,船也很难因此向侧面运动。但 F_1 的作用就明显不一样,因船体是流线型的,在沿着船行进的方向上如果受到作用力 F_1 的话,船就会很容易沿这个方向运动。

船的行进方向,是与风向成一定角度的。行进一定路程后,改变帆的方向,船就向另一侧斜着运动了。如此走"之"字形,借助于风力航行的船便实现了逆风行舟。

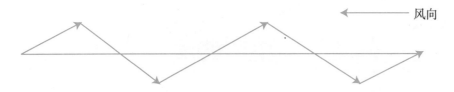

风向

知识拓展

也有人用空气动力学原理对帆船的逆风而行做出解释,他们认为帆船能够逆风而行所靠的最主要动力是吸力。根据伯努利原理,流体速度增加,压力就会减小。空气要绕过向外弯曲的帆面,必须加快速度,于是压力减小,产生吸力,把船帆扯向一边。船帆背风一面因压力降低而产生的吸力相当大,可比迎风一面把帆推动的力量大1倍。

风在帆两侧产生的吸力和推力,正面作用在帆上,风力分解为两个分力,一个分力推动帆船向前行驶,另一个分力则使船向背风一面倾侧,但船底的龙骨阻止了船的侧向移动。同时,要由帆舵手在船的另一边探身出外,才能保持平衡。

帆船是不能完全正面顶着风航行的。一艘长12米的帆船可与风向成12°~15°的夹角逆风行驶。但如果要实现正面迎着风的方向前进,必须以"之"字形路线航行。逆风行驶时,船与风向的夹角越小,速度越慢。舵手若以角度较大的"之"字形路线航行,船速会加快,不过航程会增加。

本段节选自:http://zhidao.baidu.com/question/56318837.html

思考题

1. 按动量原理,瞬间的速度改变可以产生很大的冲力。请分析估算一下一个从10楼上掉下的苹果砸在地面的玻璃板上可能对玻璃板产生多大的冲击力。

2. 利用动量的变化可以产生持续的力:如水力挖泥,水力采煤,水力打孔。你能分析估算关于连续体的作用力吗?

3. 火箭也是利用反冲而实现加速的装置,你能应用动量原理,对火箭所受的推力进行分析估算吗?

弹性球碰撞
Elastic Collision

台球是一项在国际上广泛流行的室内体育运动,其中斯诺克台球已被官方认可而成为正式比赛项目。台球打法和其他球类打法不同,运动员不是直接打击目标球,而是先用球杆打白色主球,再由主球把目标球撞进球袋或连续碰撞两个目标球方可得分。打台球的整个过程,从球杆怎么打,打主球的不同部位将使其产生什么样的旋转变化,到主球撞击目标球后,两个球将要产生什么样的旋转变化和行进去向等,都包含着深刻而丰富的物理学原理。本实验就两球的碰撞展开讨论。

■ 实验装置

弹性碰撞演示仪由底座、支架、钢球、拉线、拉线调节螺丝等组成,每个钢球的大小和质量都相同,如图1所示。

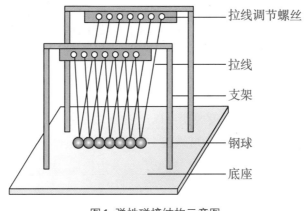

图1 弹性碰撞结构示意图

■ 现象观察

(1)调整弹性碰撞演示仪中每个小球的悬线长度,确保所有小球的质心在一条水平直线上。

(2)将位于装置一端的第一个小球拉起使其偏离竖直方向一定角度,松手让其碰撞其他静止的小球。可观察到原先被拉起的小球会突然静止,中间的几个小球仍然静止不动,而装置另一端的最后一个小球会获得第一个小球的速度而弹起,运动到第一个小球被拉起的高度后落下,如此来回往复。

(3)将位于装置一端的两个小球同时拉起后松手,重复上述实验。可观察到原先被拉起的两个小球会突然静止,中间的几个小球仍然静止不动,而装置另一端的最后两个小球同时弹起,随后同时落下,如此来回往复。

现象解密

两个或两个以上物体的碰撞,是它们以一定速度相互接近、接触及相互作用的过程。由于物体间的相互作用,它们的运动状态将发生变化,从而引起动能和动量的交换。

由于物体碰撞过程中相互作用的时间极短,外力的影响可以忽略,所以碰撞系统的总动量总是守恒的。但实际上,物体在碰撞过程中总有部分动能要转变为热能、形变能等其他形式的能量。如果碰撞过程中物体的动能完全没有损失,这种碰撞称为完全弹性碰撞。

设质量为 m_1 的第一个小球的初始速度为 v_{10},与质量为 m_2 的第二个静止小球发生对心完全弹性碰撞,碰后两球的速度分别为 v_1 和 v_2,由动量守恒定律:

$$m_1 v_{10} = m_1 v_1 + m_2 v_2 \qquad ①$$

当两球发生完全弹性碰撞时,机械能守恒:

$$\frac{1}{2}m_1 v_{10}^2 = \frac{1}{2}m_1 v_1^2 + \frac{1}{2}m_2 v_2^2 \qquad ②$$

解方程①、②得:

$$\begin{cases} v_1 = \dfrac{m_1 - m_2}{m_1 + m_2} v_{10} \\ v_2 = \dfrac{2m_1}{m_1 + m_2} v_{10} \end{cases} \qquad ③$$

当两球质量相等,即 $m_1 = m_2$ 时,由③式得:

$$\begin{cases} v_1 = 0 \\ v_2 = v_{10} \end{cases} \qquad ④$$

由动量守恒和能量守恒定律及④式可见,质量相等的两个球弹性正碰后,第一个球静止,第二个球获得第一个球的速度,并接着去碰撞第三个球,以此类推,由此实现小球间动量和能量的传递。等质量五联摆装置,还可允许我们自由组合联球个数,进行相应的实验演示和分析。

■ 应用拓展

英国物理学家牛顿(1643—1727)在1665—1666年间总结了各种碰撞实验的结果,引入恢复系数的概念,建立了牛顿碰撞定律。在对心碰撞中,设两物体碰撞前在运动方向上的速度分别为 v_{10} 和 v_{20},碰撞后的速度分别为 v_1 和 v_2,则恢复系数 e 被定义为两物体碰后的分离速度 (v_2-v_1) 与碰前的接近速度 $v_{10}-v_{20}$ 之比,即:

$$e=\frac{v_2-v_1}{v_{10}-v_{20}}$$

由碰撞定律不难验证,对于完全弹性碰撞,有 $e=1$;对于完全非弹性碰撞,有 $e=0$;对于一般的非弹性碰撞,则有 $0<e<1$。

■ 思考题

1. 假设其中有1颗钢球的高度略低于其他4颗,这样能量会守恒吗? 为什么?

2. 仿照上述实验,一次拉起3个或更多个不同数量的小球,使它们碰撞其余的小球,观察碰撞过程其他球跳起的情况,并从理论上加以分析。

3. 为什么碰撞发生一段时间后,位于两边的小球的摆幅会逐渐减小,最终停下来?

4. 若小球碰撞一个比它质量大得多的大球,碰撞结果会如何? 若大球碰撞一个比它质量小得多的小球,碰撞结果又会如何?

5. 如果5颗钢球都换成滑鼠的滚珠,碰撞的情形是否一样? 为什么?

摩擦力演示
Friction

摩擦力在力学中是一个常见力,在物理教学中有十分重要的地位。对摩擦力现象的演示,将从静摩擦力和滑动摩擦力两个方面展开。利用摩擦力实验演示仪,可看到由静摩擦转变为滑动摩擦的过程中,摩擦力大小的突变,也可以利用控制变量法,对影响滑动摩擦力的各个因素进行探究。

■ 实验装置

图1为摩擦力实验演示仪,采用了力的传感器进行定量的显示。利用步进电机对地板进行拖动,可以很方便地控制拖动的速度,并把速度显示出来。利用力的记录仪和显示器,可以将实时力显示出来,还可以对一段时间内的摩擦力变化情况用曲线记录下来。由于底板材质和小车拖板材质可以替换,所以能对不同材质间的摩擦力进行演示;也可以通过加减砝码改变加在接触面上的正压力,通过更换小车拖板改变滑动摩擦时的接触面,所以本装置可以对摩擦力涉及的多个因素展开探究。

图1 摩擦力实验演示仪

■ 现象观察

1. 静摩擦力转变为滑动摩擦力突变现象的观察

从静止开始拉动底板,观察力传感器中读数的变化并用曲线记录,可以看到在绳子绷紧的时候出现一个力的高峰,随着滑动的开始,摩擦力又趋于稳定。实验曲线如图2所示 。

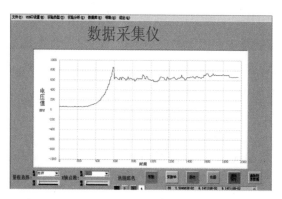

图2 静摩擦力转变为滑动摩擦力的实验曲线图

2. 滑动摩擦力随正压力变化的探究

保持小车底板和拖板材质不变,通过加减放在小车上的砝码数量,利用表格记录对应的力传感器读数,可以发现这两者呈线性关系。

3. 滑动摩擦力随接触面积改变而变化的探究

保持小车底板、拖板材质和加在小车上的砝码数量不变,让小车底板一次与拖板全接触,一次与拖板部分接触(只要将底板换个面就可以了),记录这两种情况下力传感器的读数,可以发现读数没有明显的改变。

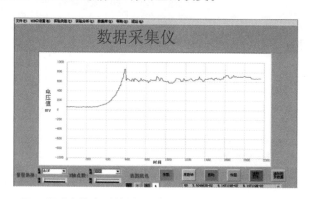

图3 滑动摩擦力随接触面积改变而变化的实验曲线图

4. 滑动摩擦力随接触面相对速度改变而发生的变化探究

保持小车底板、拖板和加在小车上的砝码数量不变,改变步进电机的输入,就可以改变拖板的速度,观察并记录力传感器上的读数,可以看到读数会有些波动,但基本维持在一个水平上。

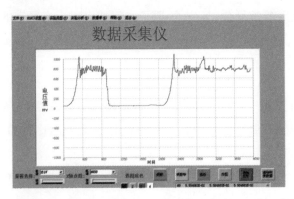

图4 滑动摩擦力随接触面相对速度改变而发生变化的实验曲线图

5. 滑动摩擦力随接触物材质不一样而变化的探究

通过更换小车底板或拖板,改变它们的材质,进行实验记录数据,可以发现摩擦力与不同的材质有明显的关系。

■ 现象解密

1. 两物体间的静摩擦力是随着接触面上相对滑动的趋势增强而增加的。但它有一个最大值,实验表明,最大静摩擦力将与加在接触面上的正压力成正比:

$$f_{s\max}=\mu_s N$$

式中:μ_s 称为静摩擦因数,与接触面的材质和平滑程度有关。

2. 当两个物体间的相对滑动趋势大于静摩擦力的极限后,相对滑动便随之发生,这时接触面上的摩擦力称为滑动摩擦力。实验表明,滑动摩擦力与接触面上的正压力成正比:

$$f=\mu N$$

式中:μ 称为滑动摩擦因数,其大小与接触面的材质和平滑程度有关,与接触面间的相对速度关系不大。对同样的接触面,静摩擦因数一般比滑动摩擦因数大一些。

■ 应用拓展

摩擦力现象是自然界中最常见的物理现象,我们有时在利用它,有时也在尽量减小它的影响。没有摩擦力,人就无法行走,许多事情会变得不可想象。在一棵树上缠绕几圈后就可以拴住一头牛,也就是靠着巨大的摩擦力来实现的。当然,也有很多情况我们要防止摩擦力的危害,在各种轴承上加润滑油就是要尽量减小摩擦力的影响,这样会使运动更加灵活,损耗的机械能更小些。

摩擦力的成因非常复杂,与分子、原子之间的电磁力有紧密的关联,你是否能通过广泛的阅读,对此进行一个梳理?

■ 思考题

1. 为了保持实验条件的一致性,你觉得在操作本实验时要注意哪几点?

2. 控制变量法在物理实验中有广泛的应用,你能结合摩擦力探究的实验说出它的优势吗?

3. 你能想象一下,如果这个世界上没有摩擦力的话,将会是怎样一个局面?

大小球弹跳
Large and Small Ball Jumpping

　　当两个橡皮弹性球上下贴着竖直排列放手时,当上球的质量明显小于下球的质量时,会发现这两球落在坚实的地面后发生弹跳时,上面的小球会蹦得很高,远远高于放手时的位置,这个实验具有很好的观赏性,用来展示碰撞时的动量守恒定律。

实验装置

　　两个恢复系数比较高的橡皮球,小球的半径在2cm左右,大球的半径在3cm左右。如果这两个球的材质一样,两球的质量比大约是1:3.4。为确保较好的演示效果,弹跳橡皮球的恢复系数一定要比较高。

现象观察

小球弹跳现象的观察

　　应确保这两个小球在放手下落前其中心是处在同一竖直线上,如图1所示。两小球表面相接触,一般离地1m左右处同时放手。我们会看到两个球开始时几乎贴在一起下落,在坚硬的平地面上撞击以后,上面的小球会获得一个很大的向上速度,从而快速地弹跳起来,弹跳的高度也将远远超过放手的位置高度。

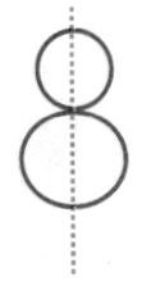

　　要使这个演示实验做得成功,在放手时保持这两个小球的中心在同一竖直线上很重要,否则弹跳起来的小球可能斜向上飞出,影响演示的效果。

图1 大小球弹跳开始时刻示意图

现象解密

　　当这两个小球紧贴着下落时,处于下方的小球将先触地反弹。这样,对处于上方的小球,实际上发生的是一个反方向运动的大橡皮球与它迎面对撞。

　　如果放手点距地面的高度为h_0,则落下与地面碰撞前,其速度为

$$v_0 = \sqrt{2gh_0}$$

如果不考虑橡皮球与地面碰撞时的动能损失,则下球在与地面碰撞后将以 v_0 的速度反弹。这样当它和下落的小橡皮球碰撞时,如果按弹性碰撞的模型来计算:

$$m_1(-v_0)+m_2v_0=m_1v_1+m_2v_2$$

$$\frac{1}{2}m_1(-v_0)^2+\frac{1}{2}m_2v_0{}^2=\frac{1}{2}m_1v_1{}^2+\frac{1}{2}m_2v_2{}^2$$

可得

$$v_1=\frac{3m_2-m_1}{m_1+m_2}v_0$$

这样,小橡皮球弹跳的高度为

$$h=(\frac{3m_2-m_1}{m_1+m_2})^2h_0$$

在这个实验中, $m_2=3.4m_1$,则 h 将为 h_0 的4.3倍,如果我们在离地1m位置放手,弹跳的小橡皮球就可以跳起碰到教室的天花板了!

如果我们继续增大这两个橡皮球的质量比,小橡皮球最后能跳起的高度将有可能接近原来落地高度的9倍!

应用拓展

动量守恒定律结合机械能的关系式可以很好解决经典力学的两体碰撞和散射问题。演示动量守恒定律的一个典型实验是用两个等长且摆球质量相同的单摆,让一个单摆拉开后放手运动去碰撞另一个静止的摆球,碰撞后将看到运动的摆球突然静止了,而原先静止的摆球以原来运动摆球的速度运动起来。这是两个等质量小球发生弹性碰撞的典型演示实验。这种类型的实验现在又被扩展成排在一起的多个摆球的情形,当左边运动的摆球撞击一排靠在一起的摆球时,我们会看到,撞击后,只有最右边的小球在向外运动,其他的小球都静止不动。

在人造卫星的空间运动中,我们也可以利用这种效应来实现卫星的加速。这时人们把它称为"弹弓效应"。

图2 航天器运行的"弹弓效应"

因为在地面发射时,如果要使航天器达到一个很高的速度,人们就得付出加倍的努力,甚至有的时候根本无法从技术上去实现。这时我们可以发射一个速度稍低一点的卫星,让它在太空航行时经过一个相向运动的天体附近,在天体的万有引力作用下,这个卫星会发生运动转向,最后以一个快得多的速度飞出去。

思考题

1. 如果在大小球的弹跳实验中要考虑两球碰撞的动能损失,那么小球的弹跳高度可以如何分析?

2. 为什么在粒子的撞击实验中,人们总是使用对撞的方式?

3. 试用动量守恒定律和机械能守恒定律分析"弹弓效应"?

4. 如何测量橡皮小球在与坚硬地面撞击时的恢复系数?

路径与运动快慢
Path and Motion

影响物体滚动速度的因素有很多,在质量与形状相同的情况下,物体滚动的快慢与其运动的路径有关吗?

■ 实验装置

首尾端连线长度相等的V形槽导轨和直线形槽导轨各一条,两个质量与形状相同的小球。

■ 现象观察

将两条导轨的一端置于相同高度,两个小球分别从两导轨的最高端(同一高度)静止滚下,如图1所示。发现在V形槽导轨上运动的小球先到达底端。

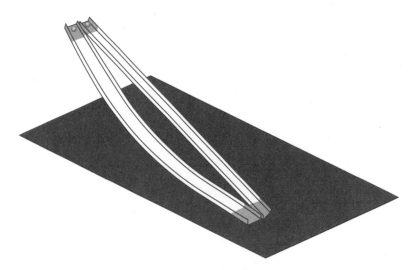

图1 两个不同槽的导轨

■ 现象解密

如图2所示,设小球在导轨最高端和最低端的位置坐标分别为 $(0, z_0)$ 和 $(x_0, 0)$,若导轨倾斜度 $\varphi_1 = 30°$,则 $x_0 = \sqrt{3} z_0$。小球滚下的初速度为零,s_1 是直线运动小球经过的路径，s_2 与 s_3 为沿 V 形导轨滚下的小球的运动路径。为简化模型，设 V 形槽导轨弯曲的最低点坐标是 $\left(\dfrac{1}{4}x_0, \dfrac{1}{4}z_0\right)$，则 $s_2 = \dfrac{1}{2}\sqrt{3}z_0$，$s_3 = \dfrac{1}{2}\sqrt{7}z_0$。

小球经直线路径 s_1 滚下所用时间为

$$t_1 = \sqrt{\frac{2s_1}{g\sin\varphi_1}} = 2\sqrt{2}\sqrt{\frac{z_0}{g}} \approx 2.83\sqrt{\frac{z_0}{g}}$$

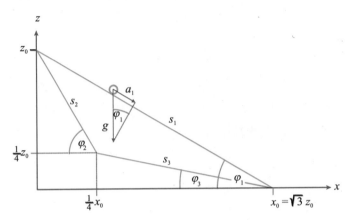

图 2　简化的轨道示意图

经过折线路径 s_2 与 s_3 小球滚下所用的时间分别是：

$$t_2 = \sqrt{\frac{2s_2}{g\sin\varphi_2}} = \sqrt{2}\sqrt{\frac{z_0}{g}}\,，其中 \sin\varphi_2 = \frac{3z_0}{4s_2} = \frac{1}{2}\sqrt{3}\,。$$

$$t_3 = \left(\sqrt{56} - \sqrt{42}\right)\sqrt{\frac{z_0}{g}}\,，其中 \sin\varphi_3 = \frac{z_0}{4s_3} = \frac{1}{14}\sqrt{7}\,，则$$

$$t_2 + t_3 = \left(\sqrt{2} + \sqrt{56} - \sqrt{42}\right)\sqrt{\frac{z_0}{g}} \approx 2.42\sqrt{\frac{z_0}{g}}$$

由此可见，沿折线路径的小球运动得快。

■ 应用拓展

如图 3 所示，将两个相同的小球放在斜轨上方相同高度处释放，它们会同时到达最左边的终点吗？如果不是，那么哪个小球先到终点？为什么？

图3 另一两种不同轨道

思考题

这类运动轨迹的应用,生活中有哪些?

最速下降线
Brachistochrone

伽利略在1630年提出一个问题:"一个质点在重力作用下,从一个给定点到不在它垂直下方的另一点,如果不计摩擦力,问沿着什么曲线滑下所需时间最短?"他说这曲线是圆,可是这是一个错误的答案。瑞士数学家约翰. 伯努利在1696年再次提出这个最速下降线的问题(problem of brachistochrone),征求解答。次年已有多位数学家得到正确答案,其中包括牛顿、莱布尼兹、洛必达和伯努利家族的成员。这个问题的正确答案是连接两个点上凹的唯一一段旋轮线。

图1 最速下降线演示仪

■ 实验装置

本演示仪器有三条固定的轨道:一条直线、一条任意曲线和一条下凹的摆线,摆线看上去似乎是最长的。这三条轨道的起点和终点是完全相同的,如图1所示。

■ 现象观察

把三个球分别放在三条轨道顶端的挡板前,用手拿开挡板,三球从顶端同时下滑。结果表明,虽然下凹曲线轨道的路线最长,但沿着它下降的球反而最先到达终点。

■ 现象解密

物体沿轨道下降的速度不仅取决于轨道的长度,而且还与轨道的形状有关。重力的作用使三个球下落,球所受重力沿运动轨迹切线方向的分量越大,下落的速度就越快。而摆线轨迹是一条圆滚曲线,重力在它陡峭的切线方向上的分量比较大,球下落速度比较快,先到达终点;而直线和另一条曲线的轨道虽然短,但球下落的速度较摆线上的球慢,后到达终点。

那么,这条最速下降线的轨迹又是什么呢?

假设球与轨道间无摩擦力,球下落的运动路径为如图2所示的AOB。若小球由A到O的速度是V_1,由O到B的速度是V_2,则从A到B所花的时间:

$$T = \frac{\sqrt{a^2 + x^2}}{V_1} + \frac{\sqrt{(c-x)^2 + b^2}}{V_2}$$

所花时间最短,需取极值,即满足

$$\frac{\mathrm{d}T}{\mathrm{d}x} = 0$$

由此可得

$$\frac{\sin \alpha_1}{V_1} = \frac{\sin \alpha_2}{V_2}$$

如果路径变成如图3的折线,

因为 $\dfrac{\sin \alpha_1}{V_1} = \dfrac{\sin \alpha_2}{V_2}$

同理可得

所以 $\dfrac{\sin \alpha_1}{V_1} = \dfrac{\sin \alpha_2}{V_2} = \dfrac{\sin \alpha_3}{V_3} = \dfrac{\sin \alpha_4}{V_4}$

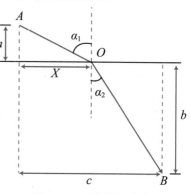

图2 A、B固定的折线路径

如果将A、B之间的路径越折越多,即越切越细,则可以发现,在每一点会有 $\dfrac{\sin \alpha}{V} = k$,这里 k 为常数。

又因为每一点的 $V = \sqrt{2gy}$,这里取 y 向下为正,如图4所示。

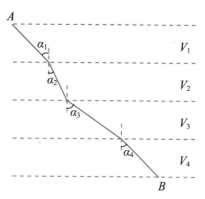

图3 A、B固定的多折线路径

$$\sin \alpha = \cos \beta = \frac{1}{\sec \beta} = \frac{1}{\sqrt{1 + \tan^2 \beta}} = \frac{1}{\sqrt{1 + \left(\dfrac{\mathrm{d}y}{\mathrm{d}x}\right)^2}}$$

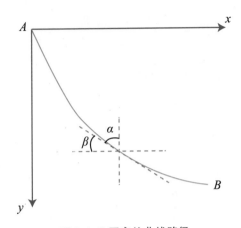

图4 A、B固定的曲线路径

$$\sin \alpha = k \cdot V = \frac{1}{\sqrt{1 + (\frac{dy}{dx})^2}}$$

得

$$k^2 \cdot 2gy = \frac{1}{1 + (\frac{dy}{dx})^2}$$

由此可得

$$(\frac{dy}{dx})^2 = \frac{c-y}{y}$$

其中 c 为常数。

令 $\dfrac{dx}{dy} = \tan \phi$

可得

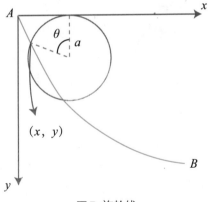

图5 旋轮线

$$y = c \sin^2 \phi$$

$$\therefore dy = 2c \sin \phi \cos \phi d\phi$$

因此

$$dx = c(1 - \cos 2\phi)d\phi$$

积分得

$$x = c(\phi - \frac{1}{2}\sin 2\phi) + c_1$$

由初始条件

$$x = y = 0, \phi = 0$$

所以 $c_1 = 0$

代入得

$$x = c(\phi - \frac{1}{2}\sin 2\phi) = \frac{c}{2}(2\phi - \sin 2\phi)$$

$$y = c\sin^2\phi = c(1 - \cos^2\phi)$$

再令 $a = \frac{c}{2}, \theta = 2\phi$

最后得

$$x = a(\theta - \sin\theta)$$

$$y = a(1 - \cos\theta)$$

这是旋轮线方程,如图5所示。因此结论是:最速下降线的轨迹是旋轮线。

■ 知识拓展

当一个圆沿着一条直线滚动时,圆边上一点的轨迹叫做旋轮线或摆线。摆线具有很重要的性质:等时性。即若一质点从一段摆线任意点出发,在重力作用下沿摆线向下滑,则此质点到达最低点所需的时间与出发点的位置无关。摆线另一有趣的性质是:质点在重力场中沿着摆线从高处某一点滑到低处的另一点所用的时间,比沿着任何曲线(包括直线)在同样两点间滑下的时间都短。所以摆线也称为最速下降线。

这个解答所蕴含的基本观点的发展,导致了一门新学科——变分学的产生。欧拉从现实生活中的极大、极小问题提炼出数学问题和解题技巧,创立了"变分学"这一新的数学分支。要得到最速下降线问题的完备解答,需要用到变分学的知识。

■ 思考题

1. 最速下降线轨道的参数方程是什么?

2. 你能够运用变分学知识,求出质点在重力作用下,从一个给定点到不在它垂直下方的另一点的最快时间吗?

3. 在骑自行车的时候,车轮上粘着一张糖纸,糖纸的运动轨迹就是最速下降线的轨迹,为什么?

锥体向上滚
Self-Rolling Cone

在地球引力的作用下,任何物体的运动规律都是降低重心以趋于稳定,即势能越小越稳定。本实验中我们却看到,锥体能够沿倾斜轨道由低往高滚动,其中的奥秘何在? 测量一下锥体滚动时滚轴高度的变化,便可明白"眼见不一定为实",而仅仅是一种错觉。

■ 实验装置

实验装置如图1所示,由V形导轨、导轨支架和双圆锥体构成。V形导轨开口端高、闭口端低,构成一向上倾斜的轨道,轨道的坡度和两导轨间的夹角可通过导轨支架微调,锥体可以在V形导轨上来回滚动。

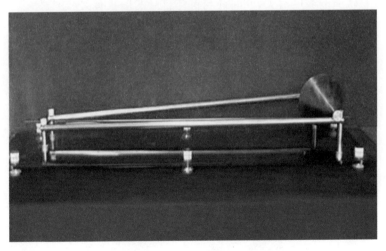

图1 锥体向上滚动演示实验仪

■ 现象观察

1. 将锥体置于V形导轨的低端,锥体的滚轴支承在两导轨上,并与两导轨夹角的平分线垂直,用双手轻轻按住锥体。

2. 双手轻轻放开锥体,锥体缓慢地由低向高沿着导轨上滚,最后停在导轨

的最顶端。

现象解密

本实验巧妙地通过锥体与导轨的形状组合,在V形导轨的低端,两根导轨的间距较小,锥体位于此处时重心较高;而在V形导轨的高端,两根导轨较为分开,锥体位于此处时由于支撑点下降,重心反而降低了。因此,看似锥体上滚,其实它的重心还是由高向低移动。通过重力做功,将重力势能转化为锥体滚动时的动能,体现了机械能守恒。具体分析如下:

首先看平衡(锥体质心在导轨上保持水平)时的情况。如图2所示,AA_1端较高,但AA_1处两导轨向外倾斜,较高的支撑使锥体质心有向上移的趋势,而支撑点间距较宽又使锥体因中间粗两端细的形状而有质心下移的趋势,两种趋势互相抵消可使锥体在图2所示的任何位置都处于平衡状态。如果此时将AA_1稍变宽或BB_1稍变窄,都会使锥体在AA_1端比在BB_1端时质心位置更低,它将从BB_1往AA_1滚动,从B端向A端看,就产生了由低往高运动的假象,如图3所示。这种假象与轨道的夹角、轨道的坡度有关,同时还与锥体自身的形状有关。

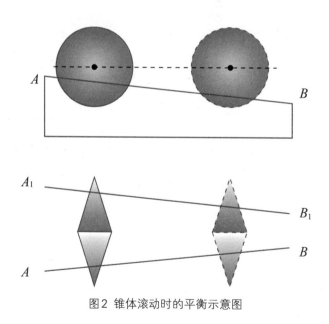

图2 锥体滚动时的平衡示意图

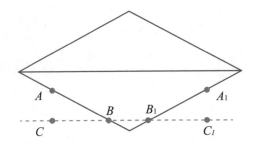

图3 锥体沿轨道滚动时的质心位置示意图

AA_1 端处于高宽端，BB_1 端处于低窄端，若支撑点与锥面相切位置如图2所示，则当锥体滚动时，质心在水平面内运动，锥体处于平衡状态。设 BB_1 端固定，AA_1 端宽度一定，只降低 AA_1 端高度，将会出现由平衡状态上滚的现象。AA_1 端至多下降到 BB_1 端所在水平面上，不过此时滚动虽明显，但"往上"却不明显。故本实验装置高低宽窄布局要适度，使 AA_1 端比平衡位置略低，锥体能自动滚动即可。

■ 应用拓展

本实验的核心问题是重力场中刚体的平衡位置，自由运动的物体总是平衡在重力势能极小值处，如果它暂时不在重力势能极小值的位置，也会在重力的作用下向这个位置运动。不倒翁是上轻下重的物体，当其竖立时，重心和接触点的距离最小，即重心最低，处于平衡状态，当偏离平衡位置后，重心总是升高的，有回到平衡位置的趋势，所以不倒翁无论如何摇摆，总是不倒的。因为重心越低越稳定，在生活中为增加物体的稳定性，我们常增加物体下面部分的重量，从而达到降低重心的目的，如电扇底座、话筒架、公共汽车站牌等。

利用重心的这种特点，还可以设计许多有趣的实验和解释一些现象。如可以做一个跟头虫，把胶囊打开，装入一个小滚珠，即可来回翻跟头。我们常见一只盒子放在桌子的边沿位置，却不掉下去，这是因为盒子靠桌子的一头才是"重心"所在，重心没有悬空，盒子就不会掉下。走钢丝的杂技演员，手持平衡棒也是为降低重心，达到平衡的目的。

■ 思考题

1. 实验中调节轨道的坡度和两导轨间的夹角，研究锥体滚动情况的变化，发现有时锥体不能自动上滚。请你提出一种快速而又简便的调节办法，以确保锥体在轨道上能自动上滚，并通过实验验证你的办法。

2. 设锥体密度均匀,试导出其上滚时,锥体顶角、导轨夹角、导轨宽窄端的高度差三者之间应满足的关系。

3. 求锥体骑在轨道上且其轴线垂直于两轨道的角平分线时,锥体质心受到的沿轨道平面斜向上的力的大小。

4. 若锥体放置在轨道上略有倾斜,即其轴线不垂直于两轨道角平分线时,锥体的运动轨迹将如何? 请通过实验检验你的推断。

5. 据报道,世界上已经发现有多处"怪坡"。在这些"怪坡"上,汽车下坡时必须加大油门,而上坡时即使熄火也可到达坡顶;骑自行车下坡时要使劲蹬,而上坡时却要紧扣车闸;人在坡上走,也是上坡省力、下坡费劲。而且越是质量大的物体,"怪坡"效应越明显。这种现象,吸引了众多游客、探险家和科学工作者的浓厚兴趣。请查找有关"怪坡"的资料,分析探究个中原因,给出你认为合理的解释。

打击中心点
Center of Percussion

抡大锤需要物理知识吗？答案是肯定的。师傅抡大锤用力敲击一整天都不会手痛，而徒弟没敲几下，虎口就被震裂了。师傅的秘诀在于，他知道大锤上有一个位置，握着这个位置敲击时受到的反作用力最小。用刚体力学的语言来说，师傅握住了大锤的打击中心。类似的情况在很多体育项目中都有，如网球、棒球等。如果能击打在球拍或球棒的打击中心上，运动员的振动感就会最低，最为舒适。

■ 实验装置

打击中心实验演示仪，配套的力传感器和力测量显示装置等。打击中心仪的结构描述：A为可摆动的均质金属杆，B为可上下移动的击打装置，左右两个力的传感器安装在悬挂均质杆的轴块两边，用以测量均质杆遭受侧向打击时轴上反力，C为力测量的显示装置。

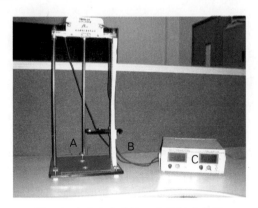

图1 打击中心实验演示仪及配套仪器

■ 现象观察

1. 寻找打击中心位置

我们根据竖直位置的标尺，将均质金属杆分成10个左右的区间，上下移动击打器，逐点对其进行打击。当击打器移到中间偏下位置时，我们发现有一段区域，

在打击时几乎测不到轴上的反力。

在开始实验前，我们必须调节力测量器的阈值点，使之处于临界状态；在每次击打前，我们应该仔细地恢复轴块的中心位置，以使接下来的实验测量准确。

图2 打击中心实验演示仪及配套仪器

2. 共轭现象的观察

将悬挂的均质金属杆取下，以刚才寻找到的打击中心点为轴将金属杆重新悬挂起来，用击打器打击原来的"轴点"位置，我们会惊奇地发现，这时轴上的反力也测不出来。这就是说，轴点和对应的打击中心点是一对共轭点。

▌ 现象解密

这个实验现象我们可以用刚体的定轴转动和质心运动定理的知识加以解释。

当一个刚体绕固定轴转动时，设其绕该轴的转动惯量为 J，击打位置离轴的距离为 x，打击时作用在刚体上的冲量是 I，在击打过程中，轴对刚体施加的侧向反力的冲量为 I_1，那么打击后，按照质心运动定理，质心的速度是

$$v = \frac{I - I_1}{m}$$

打击中心的含义就是这里的轴上反力的冲量等于零，即 $I_1 = 0$。

从转动的角度看，打击的冲量引起的冲量矩为 $I \cdot x$，按刚体的角动量定律，打击后刚体获得的角速

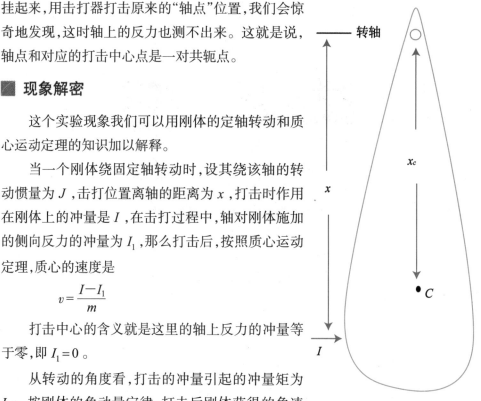

图3 被击打的刚体

度ω为

$$\omega = \frac{Ix}{J}$$

这样,刚体质心点的速度为

$$v = \omega x_c = \frac{Ixx_c}{J}$$

在打击中心点上,$I_1 = 0$,将这两式联立,有

$$x = \frac{J}{mx_c}$$

对实验中的均质杆,当它在一端悬挂时,转动惯量为$J = ml^2/3$,质心位置在$x_c = l/2$,则

$$x = \frac{2l}{3}$$

当把悬挂点和打击点交换时,我们可以用同样的思路证明,这时轴上的反力还是等于零,这一点,读者可以很方便地验证。

应用拓展

在复摆的运动中,我们有时会和单摆比较,引进"等值摆长"的概念。而等值摆长就是和打击中心直接相关的,应用刚体力学的计算可知,等值摆长和打击中心到轴的距离是恰好相等的!我们可以利用这个演示实验,再结合复摆的运动,并与相同运动周期的单摆摆长进行对比,从实验上来证实这个重合。并利用这个特点,来找出任意形状的"复摆"对任意悬挂点的打击中心点。

思考题

1. 试通过刚体的定轴转动和质心运动定理证明,轴点和打击中心点为一对共轭点?

2. 试利用刚体力学的知识,证明等值摆长和打击中心到轴的距离是恰好相等的。

3. 利用等值摆长和打击中心相关的思路,你能设计一个简单实验,很快地找出一个网球拍的一对轴——打击中心共轭点吗?

滚落判三球
Three Balls Roll Down

　　这是刚体力学教学特别是转动惯量教学的一个引入性演示实验。如果有3个质量一样、外形一样但材质不一样的球,我们如何进行无损的鉴别? 如何迅速地知道哪个球用的材质密度比较小,而哪个球的材质密度比较大? 其中一个巧妙的方法就是利用它的转动效应。由于它们质量相同,外形一样,但材质不同,所以这3个球的空心程度将不同。

■ 实验装置

　　分别用铝、铁和铜做成的几个圆球,铝球可以是实心的,铁球和铜球由于要保证和铝球具有一样的质量和外半径,它们就应该是空心的,而且空心程度也是不同的。在加工这两个球时,空心状态应做成球对称的,这样有利于和理论计算相对应。这三个球的外表面最好是均匀喷塑的(为了区别,可采用不同的颜色)。

图1 不同材质金属球

　　另外还需要一块宽15cm、长在1.5m左右,两侧边最好有高1cm的阻挡边的长木板,这个木板斜放在地面上形成一个斜面。斜面的一端有一个可调节长短的支撑装置。

　　本实验最好配置一个秒表和一个毫米刻度尺(刻度尺也可以直接刻在斜面板上)。

■ 现象观察

　　支好了斜面以后,让3个球从同一高度同时放手沿斜面滚下,观察哪个球最快、最先滚到斜面的底端,哪个球次之,哪个球最慢。

　　调节斜面的倾角,可以重复观察这个现象。我们会发现,这3个球快慢的先后次序是不会变化的。

　　最好能保持这些球在斜面上做纯滚动,所以斜面的倾角不要调得过大,如果出现了又滚又滑的运动,观察的效果会有所减弱。

如果要配合定量分析,可以记录这3个球做纯滚动时从放手到滚至斜面底部各需要多少时间,这个时间比可以与理论计算的结果作比较。

现象解密

当小球在斜面上做纯滚动运动时,我们可以用质心运动定理和转动定理或用机械能守恒定律分析其运动情况,下面用机械能守恒定律对这个现象进行讨论:

当小球沿着斜面下滑 L 距离后,它在竖直方向下落了 h,

$$h = L \sin\theta$$

θ 是斜面的倾斜角。机械能守恒表示为

$$mgh = \frac{1}{2}mv_c^2 + \frac{1}{2}J\omega^2$$

这里 J 为球的转动惯量。在纯滚动情况下,质心速度与转动角速度成正比。

$$v_c = \omega R$$

这样,小球质心到斜面底部时的速度为

$$v_c = \sqrt{\frac{2mgh}{m + J/R^2}}$$

由于在这个运动过程中小球受到的都是恒力,所以小球质心的运动将是匀加速运动,满足

$$L = \frac{1}{2}v_c t$$

即

$$t = 2L \bigg/ \sqrt{\frac{2mgh}{m + J/R^2}}$$

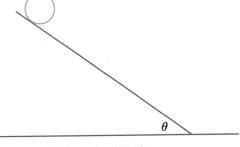

图2 小球沿斜面滚下

从这里可以看出,小球的转动惯量越小,下落所需的时间就越短;其转动惯量越大,其下落所需的时间就越长。这3个球的材质分别为铝、铁和铜,可见铁质的和铜质的球有很大的空心程度,质量更集中在外沿上,表现的转动惯量就比铝质球更大,特别是铜质的球。所以,滚得最快的将是铝球,落在最后面的是铜球。

应用拓展

转动惯量代表了刚体在转动时的惯性大小,在同样的角速度下,即使质量相同的物体,如果它的转动惯量越大,则它的转动动能越大,这也是很多机床的惯性轮

往往在外边缘做得比较厚的原因。

问：你能设计出几个利用刚体转动原理的演示实验吗？你能想象出还有哪些应用？

思考题

1. 根据上面演示实验测得的下落时间比，你能推导出这3个球所用材质的密度比吗？

2. 如果在小球滚下的过程中有滑动的现象发生，你觉得实验现象将会有什么不同？为什么倾角过大会导致实验现象变得不明显？

3. 如果用质心运动定理和转动定理，你能对上述现象进行理论分析吗？

角动量守恒
Conservation of Angular Momentum

我们经常能看到,花样滑冰运动员在比赛中做一些原地旋转动作时,为了尽可能地增加自己的旋转角速度,一般都要把胳臂和腿紧紧地收起来。这是为什么呢? 本实验将体验刚体定轴转动系统中旋转角速度与转动惯量间的关系。

实验装置

实验装置为如图1所示的茹科夫斯基转椅。

图1 茹科夫斯基转椅　图2 旋转角速度与转动惯量间关系演示实验照片

图3 旋转角速度与转动惯量间关系演示示意图

■ 现象观察

实验参与者坐在转椅上,系好安全带,双手握紧哑铃放在胸前,手持哑铃的实验者与转椅构成一个刚体定轴转动系统,如图2和图3所示。另一人推动转椅,使其以一定的角速度转动,实验者也可自己用脚蹬地获得转速,使转椅的转速提高。

1. 当转椅转速较高时,实验者将双手举平,使系统转动惯量增大,可观察到轮椅转速减缓。

2. 实验者将两手收回胸前,则系统转动惯量减小,转动明显加快。

3. 接着,实验者两臂再度平伸,发现转椅的转速又减慢。如此多次重复,直至停止。

■ 现象解密

刚体绕定轴转动的转动惯量为

$$J = \sum_i (m_i r_i) \qquad ①$$

其中 r_i 为质量元 m_i 绕轴的转动半径。转动惯量是刚体转动惯性的量度,转动惯量的大小,反映了刚体转动状态改变的难易程度。

刚体绕定轴转动时,对定轴的角动量为

$$L = J\omega \qquad ②$$

根据刚体定轴转动的规律

$$M = J\beta = \frac{\mathrm{d}(J\omega)}{\mathrm{d}t} \qquad ③$$

当系统受到的合外力矩为零时,系统的角动量守恒,即

$$L = J\omega = 恒量 \qquad ④$$

这就是刚体定轴转动的角动量守恒定律。从④式可见:

(1)当刚体的转动惯量 J 为常量时,若 $J\omega$ 不变,则 ω 不变,即刚体在不受合外力矩时将维持匀角速度转动。

(2)若转动物体是一种可变形固体,其质量分布在内力的作用下发生了变化,并改变它对转轴的转动惯量,则物体的角速度就会产生相应的变化:当 J 增大时 ω 就减小,J 减小时 ω 就增大,从而保持乘积 $J\omega$ 不变,即系统总角动量保持守恒。

■ 应用拓展

做旋转动作中的花样滑冰运动员可近似地看成一个刚体,其所受的合外力矩

M 约等于零,即此时刚体的角动量 $L=J\omega$ 不变。要使运动员一次性原地旋转角度越大,就要使他做定轴转动的角速度 ω 越大,由角动量守恒定律可知,必须减小转动惯量 J。

由转动惯量的定义式(1)可知,在刚体质量 m 一定的情况下,转动惯量 J 的大小由刚体质量的分布情况确定。所以,花样滑冰运动员通过收紧自己的胳臂和腿来缩小自身的质量分布,减小自身的转动惯量 J,从而增大角速度 ω,达到增加旋转角度的目的。

■ 思考题

1. 本实验中,如果实验者双手不握哑铃,光靠收拢和伸张双臂来体验转速的变化,结果与手握哑铃时有何差别? 为什么?

2. 将一个生鸡蛋和一个熟鸡蛋放在桌上旋转,你能分辨出哪个是生鸡蛋,哪个是熟鸡蛋吗? 判别的依据是什么?

3. 在本实验中,将转椅上的操作者、哑铃和转椅看成一个系统,其总动能是否发生变化?

4. 高台跳水运动员在空中完成空翻两周或三周等动作时,为什么要团身? 当运动员快要入水时,身体则必须舒展开来,这又是为什么?

神奇 Yoyo 球
Yoyo

Yoyo 球的最早史料记载出现在公元前 500 年的古希腊,这种古老的玩具起初以木头、金属或上了颜色的黏土制成。有史料记载,公元 16 世纪时菲律宾的狩猎者时常躲在树上,用一根前端挂有石头的 20 英尺长的绳子击打从树下经过的野兽,这种武器能够随意地被扔出和拉回,以适应多次捕猎的需要,许多人认为这可能是 Yoyo 球的真正起源。近代的 Yoyo 球运动发源于美国,1932 年美国商人唐纳·邓肯为它注册了"Yoyo"商标。后来,它传入我国,并逐渐风行于我国青少年学生中,许多人都为其能够自动上爬而感到神秘莫测。如果能利用已学过的刚体力学知识分析其中的原理,学生的学习兴趣将会得到很大的提升。

■ 实验装置

图为 Yoyo 球的构造图,一对薄片圆盘,直径一般为 58~65mm,厚为 3mm,塑料或硬卡纸制成;中间为一段圆柱状空芯薄壁中轴,直径一般为 8mm,长约为 3mm。圆盘粘在中轴两侧,然后在轴上中点处钻一小孔,系上 1m 长细绳,并在细绳的另一端系上圆环。

图1 Yoyo 球的构造图

现象观察

Yoyo球运动观察

图2 Yoyo球演示实验图

进行演示时,先把细绳全部紧紧地缠绕在中轴上,用某一手指套住细绳的圆环。将Yoyo球释放后它就会一边马上绕着逆细绳缠绕方向转动,一边竖直下落逐渐展开细绳的缠绕,直到细绳全部放开。随后它又会由于惯性继续绕着同一转向转动,并一边往上爬,使细绳重新缠绕在中轴上。当Yoyo球停止转动后,随即又会沿反方向摆脱细绳缠绕转动下落,继而上爬。这样Yoyo球下落、再上爬、又下落,周而复始。在Yoyo球运动过程中,由于阻力损失的能量由手的不断上下运动做功而提供。经过练习,掌握手运动的技法后,Yoyo球就会在你的手中不停地转动起来。

现象解密

当Yoyo球自由释放后,立即开始逆缠绕方向竖直下落,重力势能逐渐转换成平动动能和转动动能,随着重力势能的减少,下落的速度越来越快,转动的速度也越来越快。当细绳全部展开后,下落速度和转动速度达到最大值,这时原来的重力势能完全转化为平动动能和转动动能。由于转动惯性的作用,球体继续旋转,但此时细绳已经全部展开,Yoyo球已不可能再往下走,只能按照原来的旋转方向垂直上爬,通常把这一过程称为"转向"。Yoyo球在转向过程中,转动动能没有损失,但由于细绳不是完全弹性体,所以平动动能有损失。因此,总机械能减少了,Yoyo球则不能爬到初下落时的高度。在转向中,有一部分转动动能转换成了平动动能,以补充一部分损失的平动动能,使球体获得适当的上爬垂直速度。球体的上爬,是把转向时的平动动能和转动动能逐渐转化为重力势能的过程,亦即随着高度的增加,上爬的竖直速度和转动速度将越来越小,当两个速度为零时,Yoyo球将不再上爬。如果要使Yoyo球爬到下落时的高度,就必须在转向过程中,使Yoyo球损失的平动动能得到足够的补充,以获取要爬上下落时的高度所需要的竖直初速度。这就是我们在玩Yoyo球时,在细绳全部展开时就必须迅速上提Yoyo球的原因。如果没有上提,球体则不能上爬到下落时的高度。

实际上,我们还应该考虑Yoyo球运动时受到的空气阻尼和细绳的摩擦阻力,这两个因素对Yoyo球的影响是不可忽略的。它们作用的结果也会消耗掉一部分机械能。为了使损失的这部分机械能得到补充,我们往往在Yoyo球下落时给以适当的初速度,当球体转向时又向上一提。这两个动作的巧妙配合,可以使得Yoyo球不断地运动下去。

■ 应用拓展

Yoyo球与航天有很大的缘分,1985年4月12日Yoyo球曾被宇航员带上发现号航天飞机,在舱内观察微重力条件对Yoyo球运动的影响。1992年7月31日Yoyo球再次登上阿特兰蒂斯航天飞机。

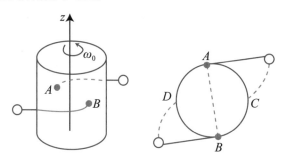

图1 Yoyo消旋原理图

在太空技术中,一种被称为"Yoyo消旋"的技术使卫星成为太空中的大号Yoyo球。在卫星发射过程中,当卫星与运载火箭分离以后,必须采取措施使卫星停止旋转,以保证卫星能维持相对地球的正确方向。利用喷气技术可以做到消旋,但要消耗宝贵的能源。所谓Yoyo消旋技术是在卫星的A、B两处对称固定两根细索,端部系质量块,令其与旋转方向相反地缠绕在圆柱形星体上。质量块起先锁定在星体的C、D两处,星箭分离后打开锁定装置,质量块在离心力作用下向外运动,绕在星体上的细索逐渐释放,卫星的转动惯量随之增大,转速也将随之减小! 这种消旋方案不消耗能源,是航天技术中普遍采用的可行方案。

　　卫星作为一个大Yoyo球,在消旋过程中的表现却与玩具Yoyo球不同。Yoyo球的绳索自由段愈长转速愈大,而Yoyo消旋的绳索自由段愈长却转速愈小。原因在于影响这两种Yoyo球转速变化的机理完全不同,玩具Yoyo球的转速变化是由于势能与动能之间的能量转换,而太空中的卫星如忽略微弱的重力梯度力矩,其势能保持常值,不存在能量的转换。玩具Yoyo球在重力矩作用下角动量不断改变,而无力矩状态下的卫星角动量守恒,消旋过程是转动惯量不断变大的结果。设星体的半径为R,绕旋转轴的转动惯量为J,起始角速度为ω_0,质量块的质量为m,利用角动量守恒和动能守恒可以导出为保证完全消旋所需要的绳索长度为:

$$l = \sqrt{R^2 + \frac{J}{2m}}$$

　　近年来出现对开采近地小行星矿产资源可能性的探索,为保证小行星面朝太阳以持续获得太阳能,消旋便成为待解决的关键问题之一。能不能将人造卫星的Yoyo技术用于太阳系中的小行星消旋? 美国一位查普曼博士作了估算。假设一个直径100m,质量$1.6×10^6$t的小行星在每个地球日自旋4周,如果将两根6kg长的细索固定在小行星上,并沿自旋反方向绕小行星缠20圈,则20t的质量块足以完成小行星的消旋,仅为小行星质量的1/80000。这个宏伟的宇宙开发计划如能实现,太空中将会出现一个蔚为壮观的特大号超级Yoyo球。

*本节部分内容摘自:刘延柱。太空中的悠悠球。力学与实践,2006年第28期,P93-94

■ 思考题

　　1. 在Yoyo球运动中,对一个初玩者来说,Yoyo球的转动惯量大一点好呢还是小一点好?

　　2. 在缠满绳的Yoyo球上提的过程中,如果要保持Yoyo球的质心维持在某一高度上,手上提绳的加速度应该有多大(Yoyo球的几何和物理参数请自己设定,分析中可以暂时不计绳的摩擦和绳间的粘连)?

刚体的转动
Rotation of Rigid Body

杂技演员在表演走钢丝时,手里常拿着一根长长的竹竿或铝合金棒,以起到延长手臂、帮助身体平衡的作用。例如,若身体稍向右偏离,演员便及时将棒往左移,使棒的质心移向左边,当棒产生的向左转动的力矩大于人体重心右移所产生的向右转动的力矩时,人和棒便会整体向左翻转来调节平衡。此即刚体定轴转动定律的应用,并且演员手持的棒越长、质量越大,越容易调节和控制平衡。

■ 实验装置

转动定律实验仪如图1所示,该实验仪由两套结构完全相同的刚体转动装置组成。每套装置的转轴固定在滚珠轴承的轴上,绕线轮固定在转轴上。调节转臂上的重物滑块到转轴的距离,可改变系统的转动惯量;调节绕过定滑轮的绳子下端悬挂的砝码数量,可改变外力矩的大小。

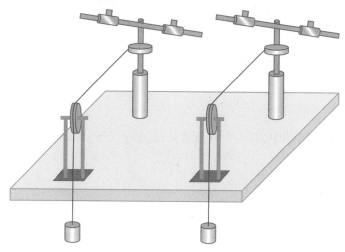

图1 转动定律实验仪

■ 现象观察

本实验采用两套结构完全相同的装置,来做以下的对比演示:

（1）将两套装置上的滑块都调整到离轴距离相同的地方，使它们的转动惯量相同；在两套装置的滑轮上绕等长的绳，绳上挂质量相同的砝码，使它们所受的外力矩相同。向同一方向转动装置，将两砝码都上升到最高位置后，由静止同时释放砝码，两套装置在相同的外力矩作用下同时开始转动，它们的转动惯量相同，则角加速度和转速也相同。

（2）调节其中一套装置上的两个滑块，使之固定在距轴较远处（转动惯量相对较大），而将另一套装置上的滑块固定在距轴较近处（转动惯量相对较小）。砝码质量不变，重复以上操作。可观察到在相同的外力矩作用下，转动惯量越小（滑块离轴较近），角加速度和转速就越大。

（3）将两套装置上的滑块都调整到离轴距离相同的地方（转动惯量相同），但绳上挂质量不同的砝码，重复以上操作。可观察到在相同的转动惯量条件下，外力矩越大（挂较重砝码），则角加速度和转速就越大。

■ 现象解密

刚体绕固定轴转动时，其角加速度 β 与刚体受到的合外力矩 M 成正比，与刚体绕定轴转动的转动惯量 J 成反比，即有刚体绕固定轴的转动定律为

$$\beta = \frac{M}{J} \quad \text{或} \quad M = J\beta$$

根据转动定律，在相同外力矩的作用下，转动惯量小的系统，获得较大的角加速度；在转动惯量相同的情况下，受到较大外力矩作用的系统，转动的角加速度大。由于角加速度为角速度随时间的变化率，角加速度大的系统，其角速度的时间变化率大。本实验中同时开始转动的两套装置，可观察到角加速度大的系统转得快，因而其角速度也相对较大。

■ 应用拓展

直升机是通过螺旋桨的旋转来升空的。几乎所有的直升机都有前后两个螺旋桨，只不过有的直升机后面的螺旋桨是在一个竖直的平面上旋转，有的直升机的螺旋桨是在一个水平的平面上旋转。这也是刚体定轴转动定律的应用。

这时直升机整体可近似地看成一个刚体。当直升机需要做直线运动时，这个刚体的转动角加速度 β 应当是接近于零，才能保持刚体定轴转动的角速度 $\omega = 0$。根据刚体的定轴转动定律：$M = J\beta$，最理想的情况是 $M = 0$。

在实际情况中，因为直升机都是通过螺旋桨的转动升空的。当螺旋桨以角速

度 ω（方向顺时针）转动时，直升机必然受到空气给予的方向相反的力矩 $-M$（方向逆时针），所以合外力矩 $M=0$ 不成立。这时如果能再加一个方向与 $-M$ 相反，大小与 $-M$ 相等的外力矩 $+M$（方向顺时针，一般通过直升机尾部的螺旋桨的转动来获得，大小由尾部螺旋桨的转动角速度大小和受到的空气阻力大小共同确定），则能满足 $M=0$，从而使角加速度 β 接近于 0，直升机的转动角速度 $\omega=0$ 就成立，于是直升机便会做直线运动。当需要直升机做顺时针方向的转动时，可通过增大直升机尾部螺旋桨的转动角速度来增大 $+M$，此时 $M\neq0$，且方向为顺时针方向。根据 $M=J\beta$，这时直升机会有一个方向为顺时针的角加速度 β，从而产生一个方向为顺时针的角速度 ω。当需要直升机做逆时针方向的转动时，情况则相反。

思考题

1. 系统的转动惯量由哪几个因素决定？本实验是通过改变哪个因素，来改变系统绕轴的转动惯量的？

2. 本实验通过增减砝码来改变力矩，你是否还有其他方法？

麦克斯韦摆
Maxwell Rolling Pendulum

　　神舟五号发射成功以来,人们对超重和失重现象表现出很大的兴趣,但以往研究失重和超重的实验往往只做一些向上或向下的直线运动,而宇宙飞船、人造卫星在飞行过程中既有直线运动又有曲线运动,并且绝大多数是圆周和旋转运动。麦克斯韦摆既有上下运动又有旋转运动,摆轮在运动过程中失重和超重现象都会出现,于是人们利用麦克斯韦摆的实验原理设计了一种可以模拟宇宙飞船和人造卫星的、带有旋转运动的"失重和超重现象实验仪"。

■ 实验装置

　　麦克斯韦摆的演示装置如图1和图2,支架上端系两根绳子,分别绕在一个圆盘状摆轮转轴的两端,摆轮可以绕轴转动。

 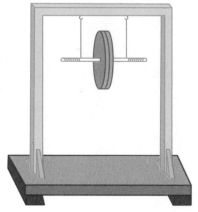

图1 麦克斯韦摆实验装置　　　　图2 麦克斯韦摆实验装置示意图

■ 现象观察

　　1. 调节绳子长度,使摆轮的转轴处于水平状态。

　　2. 用手转动摆轮的轴,使摆轮上升到较高位置,同时使悬线均匀绕在轴上(绕线不能重叠)。

3. 手松开后,摆轮自动旋转下降,并且越转越快。

4. 在重力作用下,摆轮的重力势能转化为转动动能和平动动能,下降到最低点时,摆轮的转速最大,转动动能最大,势能最小。

5. 当悬线完全伸开时,摆轮就不再下降。之后,它开始反向卷绕悬线上升,转动动能转化为重力势能和平动动能,摆轮的转速减小,位置升高,达到最高点后又会下落,如此上下往复运动。

■ 现象解密

麦克斯韦摆是一种用来演示重力势能与动能的相互转化过程中,机械能总量保持不变的装置。如果忽略摆线与摆轴之间的摩擦力及空气阻力,摆在上下滚动过程中,每次上升的高度都相同,摆的重力势能与转动动能及平动动能相互转换,总的机械能守恒。

在重力作用下,摆轮的运动是质心的平动与绕质心的转动的叠加,其动力学过程可用牛顿第二定律和刚体转动定律来计算。摆轮的受力如图3所示。

其动力学方程组如下:

$$\begin{cases} mg-T=ma_c \\ Tr=J\beta \\ r\beta=a_c \end{cases}$$

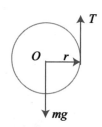

解得

$$a_c=\frac{g}{1+J/mr^2}, T=\frac{J}{J+mr^2}mg, \beta=\frac{g/r}{1+J/mr^2}$$

图3 摆轮运动过程中的受力情况

于是,当摆轮从静止开始下落高度 h 后,有:

(1)质心平动动能为

$$E_{kp}=\frac{1}{2}\frac{mg^2t^2}{(1+J/mr^2)^2}$$

(2)绕质心转动动能为

$$E_{ks}=\frac{g^2t^2J/2r^2}{(1+J/mr^2)^2}$$

(3)总动能为

$$E_a=E_{kp}+E_{ks}=\frac{mg^2t^2}{2(1+J/mr^2)^2}+\frac{g^2t^2J/2r^2}{(1+J/mr^2)^2}=mgh$$

由此可知,在摆轮向下滚动的过程中,重力势能逐渐减少,转变成了摆轮质心的平动动能与绕质心的转动动能;在摆轮上升过程中,平动动能与绕质心的转动动能逐渐减少,重力势能逐渐增加,总机械能不变。摆轮每次上升的高度相同,说明机械能守恒。

应用拓展

1. 摆轮向下运动过程中,处于失重状态

在摆轮由最高点下降的过程中,假设摆轮向顺时针方向转动,其角速度越来越大,质心向下的速度也越来越大,质心的加速度 a 的方向向下,由 $mg-T=ma$ 可知,$T=mg-ma<mg$,物体处于失重状态。

2. 摆轮达到最低点时,处于超重状态

当摆轮达到最低点时,摆的悬线通过摆的轴心,此时摆仍然按顺时针方向转动,质心竖直方向下的速度突然降为零,质心的速度变为水平方向,因此必存在向上的加速度和向心加速度。由 $T-mg=ma-ma'$ 可知,$T=mg+ma-ma'>mg$,可见物体处于超重状态。

3. 摆轮向下运动过程中,处于失重状态

当摆轮按顺时针方向转动着向上运动时,转动的角速度越来越小,质心的速度也越来越慢,即加速度为负(假定向下为正方向),$T=mg-ma<mg$,可见物体处于失重状态。

4. 摆轮在最高点,应该处于既不失重也不超重的状态

思考题

1. 分析摆轮下落速度(平动)与位置高度的关系。
2. 分析摆轮上下平动的周期与轴径的关系。
3. 分析摆轮上下平动的周期与摆轮质量的关系。
4. 分析摆轮上下平动的周期与摆轮转动惯量的关系。
5. 观察摆轮转速随高度的变化情况,并分析原因。
6. 摆轮经多次上下往复运动后,爬升高度越来越低,这是什么原因?

刚体的进动
Precession of Rigid Body

法国物理学家傅科(1819—1863)在1850—1851年间研究地球自转时发现,高速转动中的转子由于惯性作用,其旋转轴永远指向一固定方向,他将这种仪表命名为"陀螺仪"。建立在角动量守恒定律下的稳定性和进动性是陀螺仪最主要和最基本的特性。比如我们大多数人在童年时都玩过的地陀螺,高速旋转的陀螺可以保持与地面垂直而竖直不倒,这就反映了陀螺具有很好的稳定性。

■ 实验装置

进动回转仪如图1所示。它由金属支架、转轮、横杆、平衡重物等组成。横杆为转轮的自转轴;平衡重物由砝码的增减来调整;横杆支承在金属支架上,并可在竖直方向(上下)与水平方向(左右)绕支点转动。

图1 进动回转仪

■ 现象观察

1. 刚体的定向转动

恰当增减作为平衡重物的砝码数量,把回转仪调节成平衡状态。左手握住横杆使其保持稳定的水平状态,右手连续用力驱动转轮,使转轮达到较高的转速。松开双手后,可观察到转轮的转轴方向保持不变,处于刚体的定向转动状态。

2. 逆时针进动和章动

使转轮停止转动,恰当减少作为平衡重物的砝码的数量,改变它对横杆支点的力矩,在转轮重力矩作用下系统向转轮端倾斜。

左手握住横杆使其保持稳定的水平状态,右手连续用力驱动转轮,使轮达到较高的转速。松开双手后,可观察到横杆并不倾倒,而是绕支架沿水平方向逆时针向内慢慢转动,即产生了进动。横杆在进动过程中,还会出现微小的上下周期性摆动,即产生了章动。

3. 顺时针进动和章动

使转轮停止转动,恰当增加作为平衡重物的砝码数量,改变它对横杆支点的力矩,在砝码重力矩作用下系统向平衡重物端倾斜。

左手握住横杆使其保持稳定的水平状态,右手连续用力驱动转轮,使轮达到较高的转速。松开双手后,可观察到横杆并不倾倒,而是绕支架沿水平方向顺时针向外慢慢进动。横杆在进动过程中,也会出现微小的上下周期性章动。

■ 现象解密

转动刚体的进动效应可用角动量定理解释:

设转轮按图2中的方向转动,转动惯量为 J ,自转角速度为 ω ,则其自转角动量 L 为

$$L = J\omega \tag{①}$$

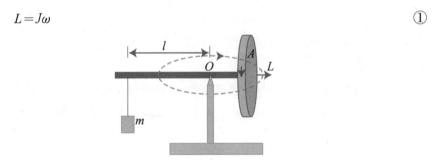

图2 进动回转仪转动方向示意图

L 的方向沿横杆指向转轮,如图2所示。设横杆向转轮一侧倾斜,受到对支点的合外力矩(重力矩)为 M , M 的方向沿水平方向垂直横杆向内。

根据角动量定理,在 dt 时间内转轮对支点 O 自转角动量 L 的改变量为

$$dL = Mdt \tag{②}$$

dL 的方向与重力矩 M 的方向一致。在重力矩的作用下,角动量矢量沿垂直于横杆的方向发生了改变,由此形成进动。

在 dt 时间内,进动转过的角度为

$$d\theta = \frac{dL}{L} = \frac{Mdt}{L} \qquad ③$$

进动角速度为

$$\Omega = \frac{d\theta}{dt} = \frac{M}{L} = \frac{M}{J\omega} \qquad ④$$

由式④可见,进动角速度 Ω 与外力矩 M 成正比,与回转仪的自转角动量 L 成反比。因此,在外力矩为零时,刚体不进动;在回转仪转轮转动惯量 J 或自转角速度 ω 很大时,进动角速度 Ω 较小;反之,在 J 或 ω 变小时,Ω 就增大。

回转仪进动的同时,它的头部还在做着微小的上下周期性"点头"运动,这种运动称为章动。章动的效果是使回转仪的重心保持在低于起始点的水平上,由此释放出来的势能提供进动和章动所需的动能。地轴也存在着章动,地轴的章动是英国天文学家布德雷在分析了 20 年的观测资料后于 1748 年发现的。地轴章动的周期是 18.6 年,我国古代历法将 19 年称为一章,这就是章动这个中文名称的由来。

■ 应用拓展

利用陀螺的力学性质所制成的各种功能的装置称为陀螺仪,被广泛应用于航空、航天和航海等领域。陀螺仪的种类很多,按用途可以分为传感陀螺仪和指示陀螺仪。传感陀螺仪用于飞行体运动的自动控制系统中,作为水平、垂直、俯仰、航向和角速度传感器。指示陀螺仪主要用于飞行状态的指示,是驾驶和领航仪表的主要组成部件。

现代的陀螺仪则分为压电陀螺仪、微机械陀螺仪、光纤陀螺仪、激光陀螺仪等,这些都是电子式的陀螺仪,可以和加速度计、磁阻芯片、GPS 等做成惯性导航控制系统。

■ 思考题

1. 观察进动时转轮转速与进动快慢的变化关系,验证(4)式的结论。

2. 转轮自转方向不变,当平衡重物增加或减少时,判断横杆的进动方向,并通过实验验证你的判断。

3. 改变转轮的转动方向,判断横杆的进动方向,并通过实验验证你的判断。

4. 刚体的定向转动及进动等现象有何实际的应用价值?

5. 分析实验中摩擦力的作用,其力矩能否对角动量进动产生影响?

陀螺进动
Gyroscopic Precession

　　从小我们就玩过陀螺,高速旋转着的陀螺会勾起我们很多儿时快乐的回忆。陀螺进动是陀螺运动的常见现象,当高速旋转的陀螺其自转轴的轴线不再呈竖直时,自转轴就会沿着竖直线做较慢的旋转,此即进动现象,也称为"旋进"现象。陀螺的进动体现了角动量定理的要求,在日常生产、生活中有很广泛的应用,飞机航空地平仪、船舶的稳定器和回转罗盘都是其应用的典型例子。

■ 实验装置

　　有各种各样的陀螺和陀螺仪。其基本结构都是一个圆盘或圆柱体可以绕其自身高速旋转,而自转轴常有一点与其他平面或物体接触。

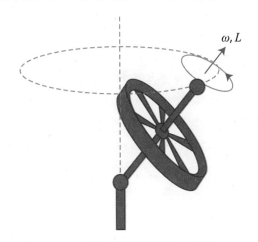

图1　陀螺和陀螺仪的基本结构图

■ 现象观察

　　让陀螺绕自身轴高速旋转并将其放在桌面上。我们会发现在陀螺绕其自转轴高速旋转的同时,自转轴也会绕竖直方向做缓慢的旋进。陀螺自转角速度变小时,其进动的周期也会相应缩短。当陀螺在高速自转时,其自转轴如果出现倾斜,将会以进动的形式保持继续转动;只有在陀螺的自转角速度降得很低时,自转轴的倾斜

才会导致整个陀螺的倾倒。

由于陀螺与桌面间总存在摩擦,要使本演示能达到明显效果,应做到:①尽量使陀螺的初角速度大一点;②旋转中的陀螺放到桌面上时,应尽量保持其自转轴竖直,并平稳地放上去。

现象解密

1. 陀螺在旋转的过程中不容易倒下,要归功于陀螺的定轴性。由角动量定理可知,陀螺在高速转动时,如果对支点而言作用在它上面的外力矩为零,那陀螺对于支点的角动量就守恒,在运动中角动量的方向将始终保持不变。这个效应被很好地体现在子弹的飞行上,当子弹经过枪膛的来复线后,出膛的子弹便在绕自身轴高速旋转着,其运动方向就不容易受到外来干扰而改变。

2. 当陀螺在高速旋转时,如果它受到了外力矩比如重力矩的作用,那它就不会像静止的陀螺那样倒下,而是其自转轴绕着竖直方向在转圈,这种高速自转物体的轴在空间绕另一轴转动的现象叫做进动。根据角动量定理,当陀螺受到对于支点的重力矩作用时,角动量矢量变化的方向出现在水平面上(因为重力矩的微冲量矩在这个方向上),这样其角动量矢量便在空间描出一个圆锥面,支点即是这个圆锥面的顶点,这就是进动现象。在我们的日常生活中,也可以常常看到进动现象。例如自行车在行驶过程中,如果它稍有歪斜,车子就会发生转弯,这是重力对于轮胎支点形成了进动力矩,促使车子发生了进动。在学骑自行车时,这是一个难点。一旦你学会了骑自行车,想转弯时的这个倾斜便成了你的"自觉行动",所以这时如果再让你去骑三轮车,你就会很不适应。因为三轮车的平衡原本就是靠其三个轮子着地实现的,其转弯时就要硬扳方向了。

应用拓展

更典型的例子是回转仪,也称为三自由度陀螺仪,就是转子外面加两个框的那种陀螺仪,如果你推外框会发现外框不动,而内框和转子一起按你用力方向的垂直方向转动,这也是陀螺仪进动性的体现。

利用回转仪,可以很方便地演示角动量守恒。先利用加速器,使陀螺高速旋转起来时,将回转仪拿起,观察陀螺转轴的角度,然后手拿回转仪外框的轴向各个方向转动,这时陀螺转轴的角度会始终保持不变。这个效应常用来定位和导航。用这个回转仪,还可以很方便地进行刚体的进动和其他一些体现角动量守恒的小实验的演示。

图2 陀螺仪

（图片摘自：http://phy.ujn.edu.cn/expresou/upimg/userup/0905/210912441W6.jpg）

在电磁学中，会发生著名的拉莫尔进动现象，即一个磁矩在外磁场中发生进动现象。这种情况广泛存在于原子的内部运动中，由于电子的轨道运动和自旋运动，当原子处在外磁场中时，原子的磁矩便会绕外磁场 B 发生拉莫尔进动，引起能级分裂，塞曼效应就是这个现象的一个直接体现。

思考题

1. 试用刚体的角动量定理分析进动现象？找出进动角速度与刚体参数和刚体自转角速度的关系。

2. 三自由度陀螺仪为什么能在飞机上起定位和导航作用？

3. 你还见过其他类型的陀螺仪吗？能不能举出一些例子。

顶杆显神奇
Top Rod

顶杆是常见的杂技项目,经过专业训练的杂技演员,可以用手或头等身体部位长时间顶起各种竖杆,并且还可以在竖杆上放置各种物件甚至站上一些人,做出各种惊险的表演动作。

在物理课堂上,我们也可以利用顶杆这一现象,加深对转动定理和角动量定理的理解。

图1 顶杆杂技表演

实验装置

长1.5m的细直杆1根,长10cm左右的细杆一根(可以利用学生自带的笔杆)。

图2 实验所用细直杆和笔杆

现象观察

1. 1.5m的细长杆顶杆

可以请一位同学上来操作,让他用手指顶住一根竖直放置的1.5m的细长杆,他稍加适应以后,应该能很从容地顶住这根杆,可以让他来回走动,这根杆还是会很好地顶在他的手上。也可以请一些女同学来操作,一般她们往往更少有顶杆的经验,但一会儿后她们也会很好地把这根细竹竿顶起较长时间。

2. 顶铅笔

可以让同学把铅笔或水笔拿出来,试图用一个手指顶起。这时,几乎所有同学都会发现很难顶住这根笔杆,铅笔很快地就会在他们手上滑脱,顶住的时间可能还维持不到2秒钟。

做这实验前应提醒同学,顶笔的手尽量在课桌上方,以免把铅笔或水笔摔在地上损坏笔头。

做完这个小实验,可以问同学:为什么会这样?

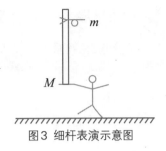

图3 细杆表演示意图

现象解密

在解释顶杆现象时,关键必须抓住两点:

1. 杆子能竖直地立在那里,主要靠顶杆的手指在不断地移动,给竖杆一个侧向的力(或施加一个力矩),用来调整竖杆的微幅转动,以达到保持竖杆平衡的目的。

2. 对于一个实验者,其给出调整的反应时间和调整量将会存在一个极限,当然这个极限的值是与该实验者的经验和训练程度有关系的,有经验的专业演员,其反应响应时间是极短的,而每次可以给出一个比较小的调整量;如果是一个初试者,这两个指标就会差一点。但不管怎么说,对一个特定的人,反应响应时间不可能是无限小,而每次能给出的调整量也不可能是无限小的!

考虑一根均质细杆,其绕质心转动的转动惯量为

$$J = \frac{1}{12}ml^2$$

角动量定理为

$$F\frac{1}{2}l\Delta t = J\Delta\omega$$

每一次调整,实验者给出的调整冲量 $F\Delta t$ 将有一个最小极限,这样一次调整引起的细杆角速度变化为

$$\Delta\omega = \frac{F\Delta t l}{2J} \propto \frac{1}{ml}$$

这个值也会有一个最小极限。如果这个最小极限量比较小,就可能对杆的转动起到微调校正作用,由于杆只获得了一个很小的角速度,就可能使人有时间对下一次的不平衡再进行调整,这样持续的过程就使细杆能较长时间保持住竖直取向;但如果这个最小极限量太大,一次调整后可能就会让杆获得一个不小的角速度,使人来不及再次做出调整,这时细杆可能从你的手指上倾翻滑下。

从 $\Delta\omega$ 的表达式中可以看到,杆的长度对它的影响是很明显的。长的细杆容易顶住,而太短的细杆几乎顶不住,原因就在这里。

应用拓展

这种现象在日常生活中还是很常见的。在走钢丝时,我们通常会看到杂技演员手中拿着一根很长的竹竿,或张开双臂,这个动作对他在走钢丝时保持平衡是至关重要的。

问:你还能找出几个利用细长杆来保持平衡的例子吗?

图4 空中走钢丝表演

思考题

1. 在顶杆实验中,杆如果不是均匀的,那么对保持平衡,杆的重心高一点好呢还是低一点好? 为什么?

2. 在转动情形下,用转动惯量来代表物体的惯性为什么比仅用质量来代表物体的惯性更合理?

3. 为什么在走钢丝时要张开双臂或手持一个很长的细杆? 你能用物理规律做出合理的解释吗?

压强的意义
Statistical Significance of Pressure

夏天,乌云密布,雷电交加,倾盆大雨将至。如果你撑着一把雨伞站在雨中,就会有这样的感受:大颗的雨滴刚开始稀稀拉拉落下时,每滴雨都会对伞形成一个冲击力;随着雨越下越大,越下越密,你已无法感觉出每滴雨,只能感受到密集的雨滴整体地对雨伞形成一个压力。事实上,每时每刻落在雨伞上的雨滴数目是不同的,如果雨量持续恒定,你感觉到的雨滴对雨伞的压力是一个平均力。

容器内部气体对容器壁的压力也是相似的道理。气体分子总是在不停地做无规则的热运动,每个瞬间,都有大量但数目不定的气体分子从各个方向与器壁发生碰撞,对器壁产生的压力是一段时间内的统计平均值。

■ 实验装置

分子运动演示仪如图1所示。

■ 现象观察

(1)接通电源,调节电流使其逐渐增大,小球的初始运动速度也增大,大量小球对可动板的冲击力增大,可动板便向上运动;

图1 分子运动演示仪

(2)当电流为一恒定值时,大量小球的平均速度为一定值,对可动板的冲击力恒定,于是可动板静止在某一位置;

(3)调节电流使其逐渐减小,小球的初始运动速度也减小,大量小球对可动板的冲击力减小,则可动板向下运动。

■ 现象解密

气体对容器壁的压力,是气体分子对容器壁频繁碰撞的总体平均效果。各个气体分子对器壁的碰撞是断断续续的,它们给予器壁冲量的方式也是一次次断续的,但由于气体分子数目极多,碰撞极其频繁,因此它们对容器壁碰撞的总体效果就成了连续地给器壁一个冲量,其宏观表现则为气体对容器壁有持续的压力作

用。大量气体分子对器壁单位面积上的平均压力即为气体的压强。

基于理想气体模型的基本微观假设,利用气体动理论,可定量地推导出气体的压强公式:

$$p = \frac{2}{3}n(\frac{1}{2}m\overline{v^2}) = \frac{2}{3}n\overline{\varepsilon_k}$$

上式称为理想气体的压强公式。它表明气体压强具有统计意义,正比于单位体积内的气体分子数和分子的平均平动动能。

本实验中用小钢球模拟气体分子,利用外部电机使砧子产生振动,从而使置于砧子上的小钢球具有相应的初速度。通过调节外加电压的大小,改变砧子的振动频率,改变钢球的初速度。具有某一速度的钢球与可动板相碰时,对其施加相应的冲力。单个钢球对可动板的碰撞只是一个脉冲力,但多个钢球的共同作用就表现为对可动板的恒定冲击力,从而形成恒定的压强。

▮ 应用拓展

关于大气的压强,重量说认为:由于空气有重量,空气对浸在它里面的物体要产生压强,这个压强叫大气压强,简称大气压。而碰撞说则认为:由于大量气体分子不断碰撞器壁,对器壁就产生一个持续的宏观的力,单位面积器壁上所受的压力就叫做气体的压强。它决定于单位体积内的分子数和分子的平均速率。

那么气体的压强到底是由什么决定的? 这牵涉到对气压与大气压的形成条件及其本质的认识。

1. "碰撞"是产生气压的微观实质

气体压强公式表明:气体的压强取决于气体分子的密度及分子的平均动能。而温度是物体平均动能的量度,因而我们也可以说气体的压强取决于气体单位体积的分子数与温度。事实上,对盛有一定气体的容器来说,我们既可以通过加热的方法,也可以通过给容器继续输入气体的方法来增加气体的压强。加热可使气体分子运动得更快,从而在每次碰撞时给器壁以更大的作用力;增加分子密度则通过增加单位时间内气体分子对器壁碰撞的次数,来增加气体的压强。由此可见,"碰撞"是产生气体压强的微观实质。

2. "约束"是产生气压的必要条件

气体作为一种物质形态,它除了像液体一样具有流动性外,还有自己的特点。由于气体分子的剧烈无规则运动以及气体分子间的距离较大,气体分子间几乎不存在相互作用力(碰撞的瞬间除外),从而使气体具有强烈的弥漫性,总是试图占有尽可能大的空间。对于一定质量的气体而言,如果不给以一定的约束作用,将因其体积的无限膨胀而使分子密度趋于零,压强也必将趋于零。因此,"约束"是产生气体压强的必要条件。在日常生活中,我们一般通过密闭容器来"约束"气体,才有可能获得一定的气体压强。

3. 重量是大气所受的约束作用

大气处于地球周围的一个开放空间,不存在约束其运动范围的具体疆界,但大气没有均匀分布于地球周围的无限空间,致使密度趋于零,大气压等于零。这是由于大气受地球的吸引而具有重量的约束作用,这种约束作用限制了空气的体积。同时因为气体分子的运动,重力也没有能够将使空气分子全部聚集于地球表面,否则大气压亦将化为乌有。由于气体的压缩性较大,处于下层的空气势必受到来自上层空气的压力作用。这样层层相压,致使气体单位体积的分子数从高处到地面愈来愈大。

4. "重量说"与"碰撞说"是从不同角度认识气压的结果

气体压强的"碰撞说"通过对研究对象的直接描述,揭示了气体压强的本质;而"重量说"则撇开研究对象,通过对它起约束作用的"气柱"的描述,帮助人们间接地认识压强。"重量说"这种间接的方法不仅适用于大气,对箱子等封闭容器中的气体也是适用的,只不过在此情况下起约束作用是压力而非重量;"碰撞说"则由于揭示了气体压强的本质,不仅适用于封闭容器内的气体,对大气也同样适用。由此可见,"重量说"与"碰撞说"非但不相悖,而且相通、兼容,是人们分别从不同角度认识气体压强的必然结果。

思考题

1. 气体动理论关于理想气体模型的基本微观假设认为气体分子是一个个弹性质点,若设它们是非完全弹性的,即分子碰撞过程中有一定的能耗,则气体的宏观性质将会有怎样的变化?

2. 气体动理论关于理想气体模型的基本微观假设认为气体分子彼此之间无相互作用,若设它们之间有一弱的引力或斥力作用,则气体的压强公式会有怎样的变化?

3. 气体动理论关于理想气体模型的基本微观假设认为气体分子是一个个弹性质点,若设它们具有一定体积,则气体的压强公式会有怎样的变化?

飞机的升力
Wing of Lift

实际生活中我们可观察到这样的现象:河中两条并排行驶的船,当它们靠近到一定距离时,便会自动靠拢而引起两船相撞的事故。两船的自动靠拢是由于压力差的作用引起的,即两船间水的压力小于两船外侧面水的压力。我们还可进一步观察到船舷是弧形的,这样在两船之间就构成了一个两头粗中间细的通道,由流体的连续性定理知,船间水的流速必然比船外侧的大。可见,凡是流速大的地方,流体内的压力就小;而流速小的地方,流体内的压力就大。飞机的升力正是基于这一原理而产生的。

■ 实验装置

飞机升力演示仪如图1所示,上部为机翼形挡流板,下部为风机。

图1 飞机升力演示仪

■ 现象观察

1. 打开电源开关,用手感受一下出风口处的气流情况;
2. 把手移开,由于空气流动所形成的压差使小球在管内上升;
3. 用手挡住出风口,小球立即从管内下落;
4. 用手挡住有机玻璃管的上口或下口,观察小球在管内的起落情况。

■ 现象解密

一般翼型的前端圆钝、后端尖锐，上表面拱起、下表面较平，呈鱼侧形。

当气流迎面流过机翼时，流线分布情况如图2所示。原来的一股气流，由于机翼的插入，被分成上下两股。通过机翼后，在后缘又重合成一股。由于机翼上表面拱起，使上方的那股气流的通道变窄，流速加快。

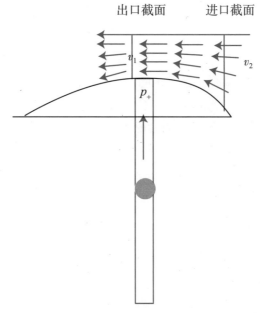

图2 气流迎面流过机翼时的流线分布情况

根据伯努利原理

$$p + \frac{1}{2}\rho v^2 = C \qquad \qquad ①$$

(其中C为常数)可知，流速大的地方压强小。机翼上方的流速要比下方快，因而机翼上方的压强比机翼下方的压强小，也就是说，机翼下表面受到向上的压力比机翼上表面受到向下的压力要大，这个压力差就是机翼产生的升力。

■ 应用拓展

荷兰物理学家伯努利(1700—1782)在1726年提出了"伯努利原理"：动能+重力势能+压力势能=常数。其最为著名的推论为：等高流动时，流速大，压力就小。

能量守恒定律告诉我们：能量不会消失，也不会自动产生，只能从一种形式转换为另一种形式。在流动的空气中，参与转换的能量有两种：动能和压力能。一定

质量的空气,具有一定的压力即静压,能推动其他部分的空气或物体而做功,可见静压是一种能量,称为压力能,它是势能的一种。静压越大,压力能就越大。此外,流动空气还具有动能,流速越大,动能也越大。

为此,伯努利原理可以更确切地表述为:稳定气流中,在同一流管的各切面上,空气的静压和动压之和保持不变。这个不变的数值,就是全压。由此可见,动压大,则静压小;动压小,则静压大。伯努利定理本质上是能量守恒定律在流体运动中的具体运用。

■ 思考题

1. 飞机的机翼为何做成上凸下平的形状?

2. 影响飞机升力与阻力的因素有哪些?

3. 飞机机翼后缘都装有长短和宽度不同的、可向下翻转的翼片,这些翼片有何作用?

4. 一张纸片从空中飘落,它总是左右摇摆着落下,为什么?

高烟柱之谜
Tall Chimney

为什么我们看到的烟囱总是高高的？没有风时，从烟囱里冒出来的烟柱也是高高直直的，如图1所示，你知道这是为什么吗？

图1 烟柱

■ 实验装置

两个相同体积的大烧杯、不同长度的玻璃漏斗各一个、两个铁架台、两个石棉网、两个酒精灯、少许高锰酸钾。按图2装置搭好，将高锰酸钾放入烧杯底部的中间。固定好玻璃漏斗，使它与烧杯底部悬空，以便水流动。将两个烧杯缓慢加满水后，放在两个铁架台石棉网上同时加热。

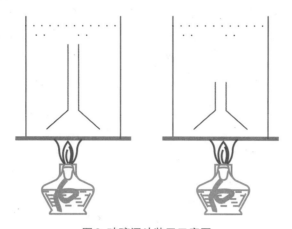

图2 玻璃漏斗装置示意图

■ 现象观察

当两个酒精灯同时加热之后，我们可以观察到长漏斗烧杯中的水流动得较快。而且紫红色水流离开漏斗后，长漏斗中的紫红水柱比短漏斗中的要高。

图3 玻璃漏斗装置实物图（左边为长漏斗，右边为短漏斗）

现象解密

漏斗中的水受到向上的浮力（$f=\rho_1 gV$）与向下的重力（$G=\rho_2 gV$）作用，其中ρ_1为烧杯中漏斗之外水的密度，ρ_2为漏斗中水的密度，加热前$\rho_1=\rho_2$，$F=f-G=0$。在加热过程中，漏斗内的水温比漏斗外的水温高，于是$\rho_1>\rho_2$，浮力大于重力，漏斗中的水开始向上运动，烧杯中的水形成对流。同样漏斗中的水还存在着上下温差，所以在上升过程中受到的合力F不断变化。根据动量定律$Ft=\Delta(mv)$，水向上加速。长漏斗两端的高度差Δh大，其两端的压力差也就大，其中水的流速也就更快。当热水离开漏斗时，长漏斗中的水流具有更大的速度，所以我们可以观察到在长漏斗的烧杯中，离开漏斗之后的紫红色水柱比较高。

应用拓展

根据上述实验，从物理原理来分析如何设计高效、节能而又环保的烟囱？

节能高效。利用烟囱中热气体自身的热能使气体排放到高空。温度越高，烟囱内气体越膨胀，相同情况下单位体积受到的重力就越小，浮力与重力的差值（合力）就越大；另一方面，烟囱越高，烟囱内的热气体在合力作用下运动的时间也越长，浮力产生的压强就越大，排烟能力也越强。若没有风，当离开烟囱之后，热气体往上运动的过程中温度不断降低，速度也逐渐变慢，当与大气温度相近时，烟就水平扩散了。

在大气中的任何物体，包括空气本身都会受到来自于空气的浮力。但空气为什么还能保持平衡（不考虑吹风现象）而不上浮呢？因为空气除了受到向上的浮力,还受到自身重力的作用,通常情况下浮力与重力相等,所以就保持平衡。"烟囱越高,排烟能力越好",不是因为越高空气压强越小,如果真的是这个原因,别说烟囱里的空气会自己往上流,就是地面的空气也全都往上跑了。

环境保护。烟囱高除了可以使尚未燃烧充分的物质在烟囱中继续燃烧,还可以在烟囱中进行部分物质回收等。

当然烟囱也不是越高越好,需要综合考虑建筑费用、环境保护和使用效能等因素。

■ 思考题

1. 解释生活中一些炊具所包含的物理原理,如图4和图5中的烧水壶、煤饼炉和煤油灯。

图4 烧水壶、煤饼炉　　　　　图5 煤油灯

2. 如何通过吹牙签来戳破气球?

3. 你如何理解出自唐代诗人王维《使至塞上》的名句:"大漠孤烟直,长河落日圆。"

伯努利浮球
Bernoulli Ball

18世纪瑞士物理学家丹尼尔·伯努利发现,理想流体在重力场中做稳定流动时,同一流线上各点的压强、流速和高度之间存在一定的关系。本实验通过伯努利浮球演示这一关系。

■ 实验装置

强力鼓风机一个;皮球一只;塑料吹气管等。

■ 现象观察

1. 气源接通电源,打开气源开关,调整调节旋钮处于中挡。将皮球放于气源出气口附近,待稳定悬浮以后,轻轻触碰皮球,可观察到皮球左右摇摆一会儿后,会稳定下来。

图1 伯克利浮球
演示照片

2. 调节气源流量调节旋钮,分别使流量增加和减少,可观察到皮球悬浮的高度有所变化。

3. 将3个乒乓球依次放入气流中,可观察到3个乒乓球同时被悬浮的现象。

■ 现象解密

由伯努利方程 $\dfrac{p}{\rho g}+\dfrac{v^2}{2g}+h=c$($c$ 为常数)可知,定常流动的流体,流速越大处压力越小。所以当气源竖直向上喷射气体时,气流柱中心的压力比边缘的压力小。把乒乓球轻轻放在气流中心线附近,乒乓球球心在气流中心线上,水平方向受周围大气的压力对称而平衡。若乒乓球的球心偏离气流中心线,如图2所示,水平方向受力将不平衡,外侧指向内侧的水平力要大于内侧指向外侧的水平力,结果迫使乒乓球回到气流中心。在竖直方向,气流向上的压力越高越小,在一定高度

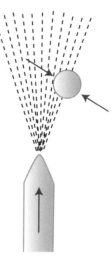

图2 在气流中小
球受力示意图

处,气流的压力与乒乓球的重力平衡,乒乓球将悬浮在空中。

知识拓展

图3中的两艘船在静水里并排航行着,或者并排地停在流动着的水里,海员们都知道这种情形是很危险的。因为两艘船之间的水面比较窄,所以这里水的流速就比两船外侧的水的流速大,压力比两船外侧小。结果这两艘船就有可能挤在一起。

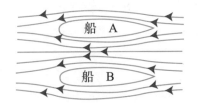

图3 两船相近平行运动时的水流情况

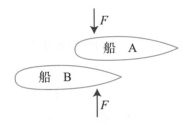

图4 一前一后平行运动的两船

如果两艘船并排前进,其中一艘稍微落后,如图4所示,情况会更加严重。使两艘船接近的两个力 F,将导致船身转向,并且使船B转向船A的力更大。在这种情况下,撞船是免不了的,因为舵已经来不及改变船的航向。

思考题

1. 本实验中皮球悬浮在空中是由哪几种力达到平衡的?

2. 如果把皮球换成圆盘,调整圆盘与出风口之间的间隙,在一定情况下,向上的推力等于圆盘自身的重力,圆盘就会悬浮起来。试一试,并解释原因。

3. 我们在园林或宾馆大厅中,常看到大理石球或水晶玻璃球在喷泉水柱上稳稳地滚转,不会跌落下来。是什么神奇的力量在支托着它们呢?

谁沉谁浮
Sink or Float

物体在水中的沉浮仅仅取决于其所受的重力和浮力吗？以下实验展示了另一个影响沉浮的因素——物体自身内部的物质分布。

■ 实验装置

烧杯、玻璃量筒各一个，两个小玻璃瓶，细沙，连接两个小玻璃容器的塑料导管，密封用的橡皮泥，水。

■ 现象观察

将适量细沙装入小玻璃瓶，再用塑料导管连接两个小玻璃瓶，用橡皮泥密封，组成一个沙漏。沙漏中细沙的质量能使沙漏刚下沉至水底即可。在量筒中倒入一些水，以沙漏放入后不溢出为准。然后，将沙漏中的细沙集中在其中一个玻璃瓶后，倒放入量筒，沙漏上下倾斜，并与量筒接触，如图1所示。我们观察沙漏的运动情况，发现开始时虽然沙漏的重力大于浮力，但它并没有直接下沉。而当上面玻璃瓶中的部分沙子下落到下面玻璃瓶时，整个沙漏才开始下沉。

图1 实物图，沙子在上玻璃瓶

■ 现象解密

我们对沙漏下沉的整个过程进行受力分析：沙漏受到浮力大小没有变化，方向也始终是竖直向上的；沙漏所受的重力始终向下，但是沙子的质量分布在变化。刚开始时沙子在沙漏的上部，所以沙漏的重心在上面，沙漏受到重力 F_g 和浮力 F_A 的作用，是一种不稳定平衡（如图2所示），沙漏产生倾斜，上下端与量筒接触，从

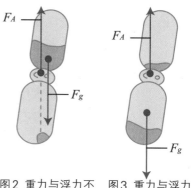

图2 重力与浮力不在一条直线上　　图3 重力与浮力逐渐在一条直线上

而使沙漏上下端分别受到向上的、大小为 $\mu F_{p上}$ 和 $\mu F_{p下}$ 的摩擦力作用（μ 为沙漏与量筒内壁之间的摩擦系数，$F_{p上}$ 和 $F_{p下}$ 分别为上下端沙漏对筒壁的压力），沙漏在这六个力作用下处于平衡状态。而当沙子下落一定质量之后，沙漏的倾角减小，沙漏对量筒所产生的压力减小，所受的摩擦力也减小（如图3所示），一旦竖直方向上重力大于浮力与摩擦力之和后，沙漏就开始下沉。

应用拓展

早在先秦时期，古人就对物体的浮沉特性有所认识，例如在《考工记·矢人》篇中，"矢人"在确定箭杆各部分的比例时，采用的方法是"水之，以辨其阴阳；夹其阴阳，以设其比；夹其比，以设其羽"。意思就是，把削好的箭杆投入水中，根据箭杆各部分在水中浮沉情况，判定出其相应的密度分布，根据这一分布来决定箭的各部分比例，然后再按这个比例来装设箭尾的羽毛。这种根据箭杆各部分浮沉程度判定其相应质量分布的方法是合乎科学的，也是十分巧妙的。

《考工记·轮人》篇在规定车轮的制作规范时，也应用了水的浮力。为确保车轮"揉辐必齐，平沈必均"，"轮人"采用的办法是"水之，以眡其平沈之均也"。意思是说，要测量木制轮子各处质量是否均匀，只要把它放入水中，测量其各处浮沉程度是否一致即可，如果浮沉程度一致，轮子各处质量分布必然是均匀的。

思考题

生活中还有哪些判断物体质量分布是否均匀的方法？

弹簧片共振
Resonance of Spring Leafs

共振现象在自然界中广泛存在,本演示让长短不同的弹性钢片在周期性外力的作用下做受迫振动,当弹性片的固有频率与策动力频率相同时会观察到共振现象。通过调节策动力的频率,还可以观察到在弹性片中形成的驻波。

■ 实验装置

钢片受迫振动和共振演示仪如图1所示,在实验仪的振动杆上竖立了一排长短不同的弹性片,由电机、弹簧和偏心轮组成策动力发生器。改变加在电机上的电压,可以调节策动力的振动频率。

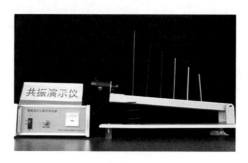

图1 共振演示仪

■ 现象观察

仪器接通电源后,随着电机的转动,可观察到弹性片都将发生颤动。缓慢调高电源的电压,随着电机转速的逐渐增快,较大幅度的振动现象(即共振现象)将在弹性片组中从长到短逐个发生。可以观察到一个现象:发生共振现象时,弹性片越短其共振频率将越高。

还容易观察到一个奇特的现象:即发生在弹性片的共振现象,两个不同方向的振动将在不同的频率点下发生。

在电动机转速调节的过程中,还可以发现一个方向上会出现两次振动,应注意观察此时的策动力频率并与一次振动时的频率进行比较。

当变化电动机电压使振动杆的振动调节到一定频率时,在较长的弹性片中还能观察到驻波现象。

注意:因电机有最大额定电压,应在实验前查看并切记调节输出电压值,实验时不要超过这个电压值,以免损坏电机。

现象解密

一个真实的振动系统,由于存在无法避免的阻力,在运动过程中如果没有能量的持续补充,振动最终都会停下来。因此,为了获得稳定的振动,通常对系统加一个周期性的外力,这个外力称为策动力。在周期性策动力作用下系统发生的振动称为受迫振动。

理论计算和实验都表明,受迫振动在振动初期是比较紊乱的,经过一段时间后,系统将进入稳定振动状态,此时系统的振动频率将与策动力的频率相同并进行等幅振动。有意思的是,系统稳定振动的振幅除受策动力大小等因素的影响外,还明显随策动力频率的改变而变化。在策动力的频率远离振动系统的固有频率时,等幅稳定振动的振幅并不大;只有当策动力的频率改变到系统的固有频率附近时,振动的振幅才出现明显的增大,在策动力的频率满足 $\omega=\sqrt{\omega_0^2-2\beta^2}$ 时,振动系统的振幅将达到最大,这种现象称为共振(位移共振)。式中ω_0为系统的固有频率,β为阻尼系数。

在演示条件下,系统受到的阻力一般很小,所以共振的条件可以近似表示为

$$\omega=\omega_0$$

即当策动力的频率与系统的固有频率相等时发生共振现象。

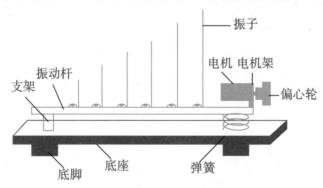

图2 共振现象演示实验示意图

弹性振动系统的固有频率与弹性片的弹性系数和转动惯量有关。在转动惯量

相同的情况下,弹性系数越大,固有频率将越大;在弹性系数相同的条件下,弹性片的转动惯量越大,其固有频率会越小。所以,由同种材料做成的截面相同的弹性片,长度越长时其固有频率将越小。应该指出的是,由于弹性片的截面形状通常是边长不等的矩形,所以就导致它在两个不同截面方向上会表现出不同的弹性系数。

而在弹性片比较长时,振动在弹性片中会发生明显的传播现象。由于机械波的出现,共振时,在弹性片中可以出现一个波长的波也可以出现多个完整波长的波,并且由于机械波在末端的反射,还会出现两相向波的干涉现象,即驻波现象。

*本实验图片来自:http://phy.ujn.edu.cn/expresou/upimg/userup/0905/2109222 E107.jpg

应用拓展

受迫振动在日常生活中有十分广泛的应用,尤其是共振现象,更是受到大家的关注。1849年,在法国西部昂热市的曼恩河上,当列队的士兵通过河上大桥时桥身就突然发生断裂。1906年的一天,一支沙皇俄国的军队迈着整齐的步伐,雄赳赳、气昂昂地通过彼得堡封塔河上的爱纪毕特桥时,桥身亦突然断裂。这种事例还有很多。

人类利用共振现象,有了各种各样的谐振器,在广播通信等领域应用极广。人们也利用共振的原理,解释了共鸣等自然现象。当然为了避免共振现象带来的危害,人类也采取了很多措施,直到今天,减振仍然是工程力学中一个十分重要的课题。

思考题

1. 寺庙的钟有时会无缘无故地鸣响,尤其是在夜深人静的时候,常常带给人一种阴森森的感觉。请解释这个现象,并给出消除这种现象的方法。

2. 为什么对同一弹性钢片,两个不同方向的共振频率会不一样?什么情况下你觉得这两个频率会趋于一致?

3. 共振现象不仅在机械运动时存在,在电磁运动和其他运动中同样大量存在,你能不能分析通常见到的收音机,它们是如何利用共振原理选择电磁波信号并加以接收放大的?

喷水鱼洗

Spraying of Water in the Yuxi

在我国周代,据记载已有了洗的存在。汉代以后,洗就是一种常见的盛水器皿。我国古代的喷水鱼洗是铜质鱼洗,形状似脸盆,在其外廓上对称地焊接上一对"提把",也称为"双弦"或"双耳"。盆底装饰有鱼纹的,称"鱼洗";盆底装饰两龙纹的,称"龙洗"。在盆内盛有半盆水后,用双手轻搓两个把手,盆就翁嗡地振动起来,盆中的水在盆的振动中可从水面与盆壁相交的圆周上的四个点喷射出水花,通常喷水鱼洗上刻画的鱼首与摩擦两弦时所喷水柱吻合,极有情趣。若操作得法,激起的水花可高达40~50cm。

■ 实验装置

鱼洗如图1,是一个由青铜铸造的具有一对提把的盆,大小和一般脸盆差不多。

图1 鱼洗

■ 现象观察

把鱼洗放在垫有软质料的小桌上,注进鱼洗容量一半以上的水,用手缓慢有节奏地摩擦盆边喷水鱼洗的两弦,盆就会像受到叩击一样振动起来,盆内的水面会出现持续的水波。开始时水面上会出现细密的波纹,同时听到盆发出嗡嗡的振动声,当两手持续搓双提把时,相当于在这两个位置存在两个振源,使机械波在水中传播,发生干涉现象,在盆中会出现叠加后的振动极大点和极小点,这些能量较大的水点,甚至会跳出水面。如果我们操作得法,即可见美丽四溅的水花从盆壁的四个点喷射而出。如果此时停止摩擦,仔细观察,我们会发现,四个波浪的发源处正是四条鱼的口须所在地,这是十分有趣的。由于洗的对称性,摩擦技术高的人,甚至用一只手摩擦也能产生和两只手摩擦相同的效果。

水是鱼洗振动的负荷体,不同数量的水能使鱼洗产生不同数量的波节和浪花。根据实际的实验操作可以发现,鱼洗中水量较多时,产生的驻波波节就比较少,激起的水柱就比较高,浪花也比较大;随着水量的减少,振动波节数将增多,振动体的振幅将变小,水面浪花也随之变弱。

要注意的是,摩擦鱼洗一定要将双手洗净,不能有油脂,同时应轻搓鱼洗的两个把手,持续用劲,手掌上最好蘸上点水,这样可以避免手在持续摩擦双把时,摩擦力过大而迅速发热使手掌疼痛。

▌ 现象解密

鱼洗何以能喷水呢?难道真的是洗内刻画的鱼或龙显灵了吗?当然不是。在洗内刻画鱼或龙只不过是古代工匠引人欣赏娱乐和激发想象力的手段罢了。鱼洗喷水的现象可以用我们物理学上的受迫振动、共振和波的干涉来解释,由于双手来回摩擦两弦,鱼洗的周面铜板会发生振动,这样便形成了铜盆的受迫振动,这种振动在水面上传播,并与盆壁反射回来的反射波叠加形成二维驻波。

鱼洗在振动时,整个洗只有其周壁发生垂直于洗内水平面的振动,是一种规则的类似于圆钟的振动。手掌和两弦的摩擦就是洗发生振动的激励源,通过摩擦,赋予洗周壁振动的能量。分析表明,这种规则的板振动,将有特定的并且是对称的振动模式。振动的波腹、波节将对称出现,这时候两弦总是处在波节位置上。由于鱼洗结构的对称性,从理论上可以把弦的中心垂线看作波节线,它的振动就只能是偶数节线的振动。在洗周壁对称振动的拍击下,洗内的水发生相应的谐振动。喷出水柱的现象将发生在洗的振动波腹处,此处水的振动最强烈。理论分析和实验都表明这种二维驻波的波形与盆底大小、盆口的喇叭形状等边界条件有关。

也有一种观点认为,鱼洗的喷水现象不能完全用共振来理解。我们知道,共振是物体在周期性外力作用下发生受迫振动时,当外力频率与物体的固有频率一致时,物体不断吸收能量而引起的。但仔细观察鱼洗起振,却发现很难用这个"外力频率与物体的固有频率一致时"的条件来解释,因为双手对两弦的摩擦,无所谓频率的说法。而且不论是双手摩擦、还是单手摩擦都能激起鱼洗喷水，只要摩擦力足够便成！外界通过摩擦双耳将能量输入鱼洗，就能激发起洗体以其固有频率振动。鱼洗不是简单的谐振子，不止有一个固有频率，而是允许一系列本征模振动，鱼洗喷水是激发起自激振动而引起的神奇效应。另外，鱼洗喷水除了与盆壁振动有关外，洗中的水并不单纯被动地接收能量，而是与盆壁相互作用，有一个水-洗耦合的效应存在。

■ 应用拓展

克拉尼砂图　在18世纪，德国科学家克拉尼在一个玻璃杯内盛半杯水，用一弓弦在杯口轻轻一拉，发现杯在发声的同时，水也呈现出波浪纹。克拉尼在研究金属板的振动时，为了使振动变为可见，以便可以在板不振动时慢慢地画下振动图形，他想出了一个巧妙的办法：在板上撒一薄层细砂。当他敲击金属板而使它振动时，板上细砂就都移动到那些不振动的波节线上。他所画下来的各种板振动图形，就成为现在闻名的"克拉尼砂图"。他的这个研究和中国的鱼洗有异曲同工之处，但由于杯结构不如鱼洗复杂，浪纹也较为简单。

共振的应用和防止　200年前，拿破仑率领法军入侵西班牙。当法国一队威武的士兵迈着整齐的步伐通过一座铁链悬桥时，突然惊天动地一声巨响，铁桥从中断裂，掉落河中。同样的事情也发生在俄国，1906年当一队俄国骑兵齐步通过彼得堡封塔克河上的爱纪毕特桥，也发生了大桥的突然断裂。究其原因，都是因为士兵们整步走过桥，脚步的频率与桥的固有频率一致，引起了桥的共振垮塌。所以，现在当军队过桥时，绝对不能再齐步走！但反过来，巧妙利用共振现象的事例也比比皆是，在现代通讯中，天空中充满着无数看不见的电磁波，几乎所有的发射和接收装置都是利用调谐来实现电磁共振，以传播和接收某一频率的信号。我们听音室的高保真音箱，也是利用了共振现象使其成为一个共鸣箱，以提高音响效果。

地震海啸与喷水的鱼洗　有学者对地震引起的海啸现象与鱼洗的喷水现象做了对比，在印度洋海啸后，海啸成因图像与鱼洗喷水效应的分析高度一致，发现有很强的相似性。这个研究对探索海啸的成因和海啸传播的预报，有十分积极的意义。

海啸是海底地质活动引起的海水急剧扰动，海啸与鱼洗喷水均为盛器中的浅水波行为。有人分析了印度洋大地震引起的海啸和鱼洗的喷水，发现有以下几个方面的相似：

第一，印度洋大地震震中处于印度板块、澳大利亚板块和缅甸小板块交汇的海底地带，距地面20多千米处，印度洋海啸波长达100km，因此海啸波波长远大于水深，属于浅水波范畴，这一点与鱼洗类似。第二，海啸摧枯拉朽般的破坏力当然来自于扑向岸边的水流的巨大动能，实际上，海水垂直扰动由地震直接获取的能量还不足具备如此大的破坏力，因此一定存在其他的能量来源。2004年的印度洋大地震为里氏9.0级大地震. 据悉地震的总能量高达$1.1×10^{17}$J，它不仅引起了海水的巨大垂直扰动，同时还激起地球球体低模态的自激振动，犹如摩擦双弦引起鱼洗以某些本征模态的自激振动一样! 分析表明，所激起的球形驻波与鱼洗水波的振型类似，这一结论得到了卫星观测的支持。被激起的地球振动导致苏门答腊震中海床在重力场中上、下运动，将此能量耦合传递给海水，加强了海啸波的能量，正如鱼洗侧壁将其本征驻波振动能量耦合给水一样。地球本征驻波的激发使海啸波有机会获得更多份额的地震能量，从而增强了印度洋海啸的破坏力和危及地域范围。海啸的另一特征是定向，能传播几千千米而无明显能量损耗。海啸的能量传播也与喷水鱼洗类似：实测观察到，沿苏门答腊海槽激起的海浪振幅很小，由北向南直至孟加拉沿岸，均处于相应振型的节线附近，余震后的海床隆起也平行于苏门答腊海岸，因此海啸波被明确导向，垂直于海槽的走向，携带能量直袭斯里兰卡等印度洋岛岸。

研究鱼洗的喷水对预报强地震是否会引发海啸有积极意义。我们可以监测强地震是否引发了地球的球形驻波的低模态本征振动，由此对是否会发生海啸作出较为准确的判断! 这一研究结果对人类建立及时可靠的海啸预警机制是很有意义的。

上述内容部分摘自：严燕来，从鱼洗到海啸，大学物理，Vol. 25 No. 3，50–54，2006 年3月；王祖远，揭开古代喷水鱼洗中的科学奥秘，发明与创新，2011年第3期，47–48(2011)。

■ 思考题

1. 为什么水花总是从固定的四个点出现？

2. 在许多景点有类似于鱼洗的装置，在那里宣称"若你能使得盆中出现水花即会带来好运"，你觉得这种说法有科学依据吗？

3. 共振是把双刃剑，我们应该如何来利用共振现象为人类造福，或如何来防止共振给工农业生产和人民生活带来危害？

声音的秘密
Secrets of Sound

物体运动时会发出声音,不同物体或者不同运动情况下发出的声音是不同的。影响物体发出声音的因素较多。

■ 实验装置

两根长度1米左右、直径2厘米、两端开放的塑料波纹管;声音-压力传感器,计算机及相关软件。

■ 现象观察

将塑料波纹管的两端用不干胶封住,手握其中一端,在竖直平面内旋转。如图1所示,速度由慢逐渐加快,可以听到较轻的声音。再换两端不封闭的塑料波纹管,用同样方法旋转,可以听到较响的声音,而且旋转速度越快,听到的声音越响。

图1 旋转塑料波纹管

■ 现象解密

1. 理论分析

声波是机械波,声源振动,就会在弹性介质中传播。其强度和频率在人的听域范围内,就能引起听觉。不过本实验中,开口管与闭口管产生声音的机制是不同的。

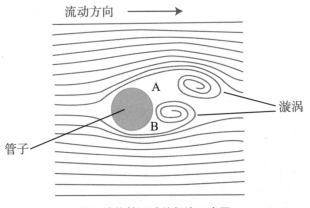

图2 波纹管运动的气流示意图

手握两端封闭的波纹管一端,将管子旋转时,管子外面的空气流动,在管子周围形成层流或湍流,空气湍流能发出声音,如图2所示,这时的声音较轻。

而用相同方法旋转开口管时,声音形成的原因较为复杂,主要由空气柱的振动、激声系统与管体的耦合等形成的。

(1)空气柱的振动

两端开口的管子旋转时,管内的空气形成一个气柱,气柱振动并形成驻波。两个开口处都是驻波的波腹,固有振动的波长应满足

$$\lambda_n = \frac{2l}{n}, n=1,2,3,\cdots$$

式中:l 表示管长,$n=1$ 时的波长为基波波长,$n=2,3,4\cdots$给出各谐波波长。则频率的计算公式为

$$f = \frac{nv}{2l}, n=1,2,3,\cdots$$

式中:v 表示空气中的声速,$n=1$ 为驻波的基频,$n=2,3,\cdots$代表第一、第二……谐频。所以,不同长度的管子产生声波的频率是不同的(见图3)。

(2)激声动力

开口管子的发声原理与木管乐器相似,靠气流振动,一般有两种振动方式。一种是最简单的木管乐器,当你往里面吹气时,进入的气

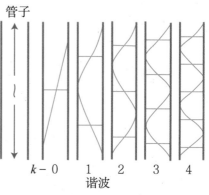

图3 管子中的声波频率

体和通过"吹孔"的空气会撞击管子中的一些部位,并通过这根管子的长度,来输送空气的振动从而发出声音。管乐器则是通过气流在管内形成驻波,产生振动而发出声音的。两端开口的管子通过绕管子一端旋转,使两端开口处空气气压不同,导致管内气体流动成为激励振动的动力来源。于是在空气进出管子两端时会产生气流的振动,并发出声音。

(3)激声振动与管内空气柱振动的耦合

旋转两端开口的细管发出声音,是由于管子两端发出声音与管内空气柱形成驻波的耦合。管内空气的振动可以通过不同的扰动方式激发起来。扰动均可按照傅立叶展开成为无限多种频率的波的叠加,但是只有满足上面各条件的基波和谐波才能够保留下来。而各振动的振幅分布则与振动系统的性质和激发方式有关,如气流速度增大还会使音响增加。[1]

---

[1]马惠英,佘守宪.管中的驻波:管乐器和簧乐器——物理与音乐之三[J].物理通报,2004(4):42-45.

2. 实验验证

利用声音–压力传感器,可测出气流速度增大会使音响增加。将声音传感器与计算机连接好,并采用Vinner LabPro传感器及软件进行数据采集与处理,采样频率为2000Hz。

(1)绕两端封闭管子的一端旋转,通过声音传感器采集的数据,发现所测得的声音振幅很小,如图4所示。

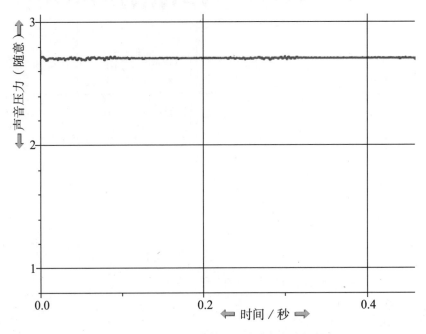

图4 管子两端封闭绕一端旋转时的声压与时间的关系

(2)绕两端开口管子的一端旋转,通过声音传感器采集的数据,发现旋转速度越快(即频率越大),所测得的声音振幅也越大。图5是通过拟合得到的数据,从图中可以看出这一点。

比较从开口管和闭口管所测得数据,还可以推出,管内的声音是由管子内空气流动所致。

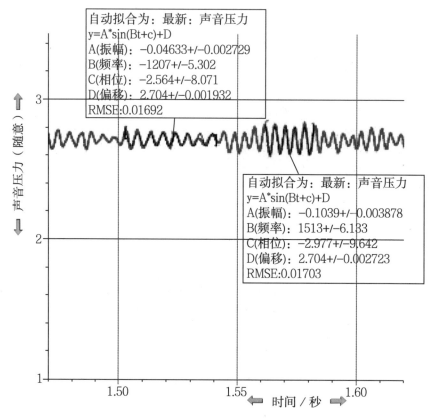

图5 管子开口绕一端旋转时的声压与时间的关系

■ 应用拓展

管子的粗细与发声是否有关系？选择两根长度相同、粗细不同的两端开口管子重做上述实验,观测它们发出的声音是否相同,并加以解释。

■ 思考题

1. 在两个相同的啤酒瓶中灌装入不同高度的水,用筷子分别敲击,听到的声音有什么不同?

2. 在两个相同的啤酒瓶中分别灌装入同样高度的水和沙子,用筷子敲击它们,仔细分辨听到的声音有哪些不同?

水表面张力
the Surface Tension of Water

"龙井茶,虎跑水"被誉为杭州西湖的双绝,凡是来杭州游玩的人们,无不以身临其境地品尝以甘冽的虎跑泉水冲泡的龙井茶为快事。长者们还会给你做个实验:用杯子盛满虎跑水,再将钱币一枚一枚地放入杯中,泉水渐渐高出杯面3毫米也不会外溢。我们知道这是由于液体的表面张力所致,与水黾停在水面等现象是一个道理。虎跑水的表面张力特别大,但本实验用普通自来水即可完成。水的表面张力与哪些因素有关呢?

■ 实验装置

多枚面值为一角的硬币,几张小餐巾纸,一只干燥洁净的玻璃杯,一大杯自来水,一瓶洗洁精。

■ 现象观察

取两枚硬币,分别用小餐巾纸垫在其下面。其中一枚硬币竖放在小餐巾纸上,然后慢慢放入水中,见图1。发现当手缓慢放开之后,硬币就沉入水中。另一枚硬币平放在小餐巾纸上,再缓慢放入水中,可以观察到小餐巾纸慢慢沉入水中,而硬币却仍浮在水面上,见图2、图3。

再在水面上浮有硬币的杯中缓慢倒入洗洁精,发现硬币很快就沉入了水底,如图4。

图1 硬币竖放　　　图2 硬币平放　　　图3 漂浮的硬币　　　图4 硬币下沉

■ 现象解密

液体表面好像一层张紧的橡皮膜,沿着表面具有一种使其收缩的作用力。如

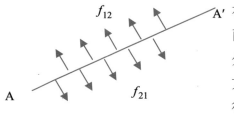

图5 液体表面张力

在液面上假想地划一直线 AA′，把液体表面分成1、2两部分，如图5所示，则1、2两部分之间存在着一对与 AA′ 垂直、大小相等、方向相反的相互吸引力，这种作用力位于很薄的液体表面层内。如果液面是曲面，则作用力与液体表面相切。设液面界限 AA′ 长为 l，作用在 l 上的表面张力为 f，实验表明，f 与 l 成正比，即 $f=\gamma l$，式中的比例系数 γ 称为表面张力系数。

上述实验中，当硬币竖直放入时，硬币与水的接触长度较小，受到的表面张力也较小；而当硬币平放时，硬币与水的接触长度较长，表面张力就大，使硬币能浮在水面上。

所以，表面张力系数在数值上等于作用在单位长度上的张力，单位为 $N \cdot m^{-1}$，它的大小跟液体的种类、液面外物质的种类和温度等有关。向水里滴入洗洁精之后，硬币沉入水中，说明不同液体的表面张力存在着差异，加入洗洁精使自来水的表面张力变小。

上述实验中，小餐巾纸只是起到了平稳的作用，对实验现象没有本质影响。

▨ 应用拓展

一枚一枚地将大头针慢慢放入满满一杯水中，放了很多枚，水并没有满出来，那么大头针的体积去哪儿了？

放大头针时一定要用手指捏住针头，使针尖先碰到水面。实验前千万别用洗洁精清洗玻璃杯，那样会影响水的表面张力，导致实验失败。若玻璃杯内径70mm，盛满水后因为水的表面张力仍能平均鼓起1mm（中央厚而边缘薄，这里以平均计）而不外溢，那么鼓起部分的体积就有3846.5mm³。通常一枚大头针的体积非常小，约是5.2mm³，于是这样一只内径约70mm的装满水的玻璃杯中至少还可以再容纳750多枚大头针。[1]

▨ 思考题

请查阅资料，并分析为什么虎跑泉水的表面张力特别大？

如何使肥皂泡吹得更大？

---

[1] 郭温主编.培养聪明孩子的趣味科学实验.北京:华夏出版社,2011:97

双节混沌摆

Double Chaos Pendulum

一个由确定性理论描述的系统,即使是一个低速、宏观的力学系统,由于其动力学规律存在着非线性特性,其运动行为也会表现为不确定性,即不可重复且不可预测性,这就是混沌现象。所谓在南美洲亚马孙河流域的一个蝴蝶抖动了一下翅膀,有可能会因此在北美大陆引起一场风暴的传说,讲的就是这种不可预知性。混沌是非线性动力系统的固有特性,混沌现象在非线性系统中普遍存在。只有线性系统才可以用牛顿的确定性理论来做出预测,但自然界中完全的线性系统是不存在的。所谓的线性系统也只是由非线性系统简化而来的。因此可以这么说,在现实世界中混沌将是无处不在的。

本演示实验就是利用一个常见的力学双节混沌摆,来展示其运动的不确定性,即使两次初始值相差甚微,经过一段时间的运动后,其运动结果也会截然不同。

■ 实验装置

混沌实验演示仪。

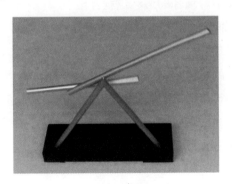

图1 双节混沌摆演示仪

■ 现象观察

用手将混沌摆的双臂连接点升至最高点后释放,观察双杆的摆动。重复多次,可以发现双杆的摆动呈现"混乱、无秩序"的特点,即出现了非线性系统中的

混沌现象。

即使两次初始值相差甚微，一段时间后所发生的运动竟会截然不同，运动对初始值的差异表现得非常"敏感"。多次重复实验后你会发现，尽管你努力使摆的初始位置保持"不变"，但是放手一段时间后摆动的情况将无一次相同，而且是非常之不同。

如果用相同的两台混沌实验仪来做对照演示，这个现象就会更加直观明显。

■ 现象解密

如果描述一个动力学系统运动状态的动力学方程是线性的，则只要初始条件给定，就可以预见以后任意时刻该系统的运动状态，这就是通常我们所说的确定性。但如果描述其运动状态的动力学方程是非线性的，大量的研究表明，即使是宏观低速的系统，其以后的运动状态也会有很大的不确定性，初始条件的细微差异会导致结果的巨大不同！其运动状态对初始条件具有很强的敏感性，具有内在的随机性。

本演示系统是一个非线性系统，一个很小的扰动，就会引起很大的差异，导致不可预见的结果，出现称之为混沌的现象。对初值的极端敏感性，以及对结果的不可预测性是混沌的基本特征。混沌是继不动点、周期循环、拟周期运动之后，另外一种新类型的运动，即回复性非周期运动。混沌通常被认为是确定的、耗散的非线性动力系统中无序的、不可预知的运动过程。

混沌摆的主摆和副摆运动时将互相影响和制约，因而使整个系统出现明显的非线性物理特征，其运动变得无法预测。即便多次重复操作，使系统获得几乎相同的初始条件，但是其后的运动状态都会表现出明显的差异，呈现混沌无序。

对混沌现象，我们可以在系统非线性动力学方程的基础上，用计算机进行模拟分析，目前这是物理学和数学研究的热点之一，已经有很多学者做了大量卓有成效的工作，积累了很多的研究成果。

■ 应用拓展

1972年12月29日在美国科学发展学会第139次会议上，美国麻省理工学院教授、混沌学开创人之一E.N.洛伦兹提出一个惊人的假设：在南美洲的巴西，一只蝴蝶翅膀的拍打有可能在美国产生一个龙卷风，并由此提出了一个观点：长时期的天气预报是不可能准确的。混沌学由于它的变幻莫测，人们对它表现出持续的、浓厚的兴趣，即使是在40年后的今天，它仍然是物理学和数学研究的一个热点课题。

人们在研究磁阻尼混沌摆的运动中发现,对无驱动、无阻尼的保守系统,当摆角不是很大时,它将以一个确定的频率做简谐振动。给定一个初始状态以后,系统保持能量守恒,在等能面上运动。其动力学相图如图2所示。

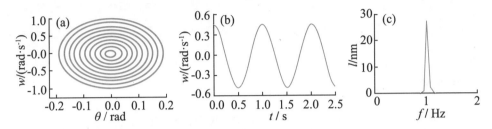

图2 保守系统的动力学相图(a),角速度时序(b)和角速度功率谱分析(c)图

图3中α为无量纲的调节参数,Ac为驱动振幅,m为阻尼系数。当有外部策动力和阻尼存在时, 该系统将成为耗散动力学体系,此时系统表现出许多复杂的动力学性质。当系统动力学状态处于弱非线性情况下时, 系统会出现准周期运动。其相图演变成如图3所示。

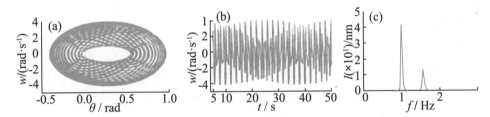

图3 $a=3, A_c=0.5, m=0.01$ 条件下的系统相图(a),角速度时序(b)和角速度功率谱分析(c)图

图3中 a 为无量纲的调节参数, A_C 为驱动振幅, m 为阻尼系数。当非线性程度继续增大,系统便进入混沌状态。其动力学特征主要表现为运动状态对初值的敏感依赖,功率谱没有明显周期峰而呈噪声状,相图上表现出分形维数的奇怪吸引子几何形状。图4将是此时的系统混沌解相图。

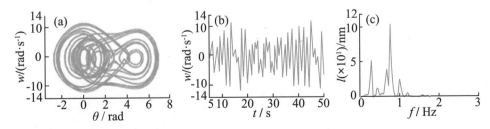

图4 $a=0.07, A_c=1.8, m=0.01$ 条件下的系统相图(a),角速度时序(b)和角速度功率谱分析(c)图

"本节部分内容选编自：朱桂萍，王健.混沌摆系统的动力学分析和数值模拟.扬州大学学报，第11卷第3期(2008年8月)p27–34

非线性物理问题在理论研究中会面临很大的数学困难，所以在早期的研究中，每一个研究结果就是一个"手工工艺品"，非常珍贵和稀少。但伴随计算机等技术的飞速进步，这种局面已经得到了根本的改善，非线性科学已发展成为一门影响深远、发展迅速的前沿科学。

▌思考题

1. 非线性物理现象是广泛存在的，你是否能列举一些？

2. 天气预报为什么在远期就很难进行？

3. 孤立子现象也是非线性物理中的一个重要现象，你能通过阅读，说出孤立子波的特点和混沌的关联吗？

电磁学部分 02
Part 02: Electromagnetism

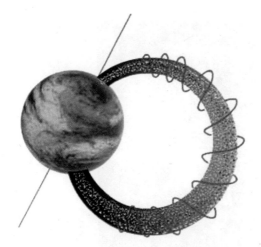

电场力做功
the Electric Field Does Work

在重力场中,物体受重力作用从高处下落到低处,物体的动能增加了,增加的动能由重力对它做功转换而来。重力做功很直观,我们非常容易理解。而电场力对带电物体做功,情况虽然非常类似,但由于我们不能直接观测到微观世界中,电场力对带电微粒(如电子、质子和α粒子等)做功的现象。本实验用宏观的带电小球代替"带电微粒",使电场力做功变得很直观,增加了学习的趣味性。

■ 实验装置

演示装置如图1所示,它由静电起电机、绝缘盘电极和锡箔小球等组成。其中绝缘盘电极是将食品包装用的铝箔,剪成圆形,分割成如图2所示的形状,形成两个电极,并将两个电极用固体胶粘贴在塑料或玻璃等绝缘餐盘中,如图3所示。最后将外围电极去掉一部分,将中心电极引出。粘贴好后,用橡皮之类的东西在电极上摩擦,使电极变得平坦光滑,以减少锡箔小球通过电极时的阻力。而锡箔小球用锡箔纸揉成的小球,直径约2~3mm。

图1 电场力做功演示装置

图2 金属铝箔形状示意图

图3 金属铝箔形状照片

▌现象观察

将盘子放在实物展示台上投影,把两个电极分别接到感应起电机上,锡箔小球放在电极上,摇动起电机,使电极带电,锡箔小球就会动起来。锡箔小球逐渐加速,并靠向餐盘的边缘(如图4所示)。也可以同时放入两个锡箔小球,锡箔小球加速后相互追逐,增加演示的趣味性。

▌现象探索

如图4所示,设与金属铝箔外围相连的电极带正电,与中心相连的铝箔电极带负电。为清楚起见,正极的部分画成红色,负极的部分为蓝色,锡箔小球则是紫红色。锡箔小球由图4所示的位置出发时,由于与正极接触带上了正电,此电

极与相邻负电极间的电场对带正电的锡箔小球做正功,锡箔小球加速到达图5所示位置时,与负电极接触,带上负电,此电极与下一个相邻正电极间的电场对带负电的锡箔小球仍然做正功。锡箔小球到达下一个电极时重复以上的过程,电场对小球不断做功,使其一直加速。锡箔小球动能的不断增大,直观地体现了电场力做功的效果。

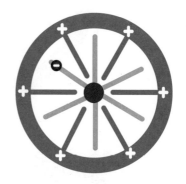

图4 金属铝箔形状　　　　　　　　　　图5 金属铝箔形状

▌ 知识拓展

我们注意到有人报道了用"六味地黄丸"药丸作为小球做实验。"六味地黄丸"药丸可看作绝缘体,与导体的锡箔小球差别很大。你能分析一下药丸被加速的原因吗? 先预测药丸和锡箔小球,哪种效果好? 然后做实验试一试。

▌ 思考题

1. 如果只使锡箔外围相连的电极带正电,摇动起电机,锡箔小球会如何运动?
2. 在这个实验中,电场力做功与哪些因素有关?

电量储存器
Leiden Vase

静电产生之后若不绝缘隔离就会瞬间消失,哪我们有什么装置和方法可以把电荷储存起来呢? 本实验将演示自制莱顿瓶电量储存器。

实验装置

一次性树脂玻璃杯、铝箔纸、黏合剂、塑料盖、木梳、金属回形针若干、剪刀、胶带、绝缘导线、电盘起电机。

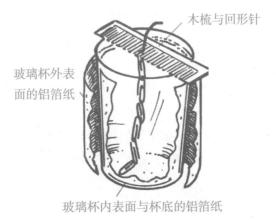

木梳与回形针

玻璃杯外表
面的铝箔纸

玻璃杯内表面与杯底的铝箔纸

图1 莱顿瓶结构

现象观察

在树脂玻璃杯的内、外表面(包括杯底)分别涂上黏合剂,同时注意不要把黏合剂涂在距杯口大约四分之一高度的范围内,然后在玻璃杯内外分别贴上铝箔纸,并将其捋平。把金属回形针一个一个地串起来,做成一条金属链。金属链足够长,使得挂在最下面的回形针可以平躺在杯底,以尽可能与铝箔接触;把最上面的回形针插进木梳齿里,回形针突出在木梳以外的部分就成为一个电极。用剪刀剥去绝缘线两端的绝缘皮,一端固定在杯外表面的铝箔上,另一端成为另一个电极。这样,就成了一个自制莱顿瓶(如图1)。电盘起电机靠近莱顿瓶上部突出在外的回形针

电极进行放电,在起电盘与回形针之间会产生一道电火花。重复十次放电后,将绝缘导线电极靠近回形针电极,可观察到一道蓝色的火花,比用起电盘制造的火花明亮好多倍,电盘起电机实物照片如图2所示。

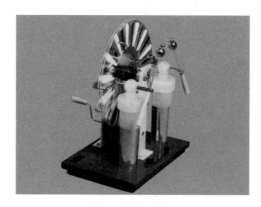

图2 电盘起电机

现象解密

每一次起电盘向莱顿瓶放电的过程都会向瓶内充电,充电十次以后,莱顿瓶内积聚了大量的电荷。当用导线电极去接近回形针电极时,这些积聚的电荷就一次性地被释放出来,产生明亮的火花。如果你同时用双手分别触摸这两个电极,则瓶内的电荷就会通过你的机体向另一极释放,倘若莱顿瓶内贮存了大量电荷,这样做的结果是你可能会受到重重的一击。自制莱顿瓶是否成功在很大程度上取决于所使用的树脂玻璃杯的质量,如果你的实验结果令人失望,试着改用一只化学实验用的小烧杯,这种"硬玻璃"将会改善实验结果。

应用拓展

如何增大莱顿瓶存贮电量的能力?采用瓶壁薄而绝缘性能好的塑料瓶,瓶内放水、瓶外贴铝箔组成的电容器,其电容量很大。

思考题

莱顿瓶放电与伏打电池放电的原理是否相同?

静电除尘器
Electrostatic Precipitator

世间万物往往都有两面性,静电也是如此。静电在给人类的生产和生活带来麻烦的同时,也能被利用来为人类服务。

■ 实验装置

大可乐瓶一只;两根长约15cm、宽约1.2cm的铁片,相距1cm左右平行固定,铁片上端固定在盖子上,并穿过盖子伸到可乐瓶外面,如图1所示。铁片之间相互绝缘,在盖子外面的部分各有接线头分别与手摇起电机的正负极相连。

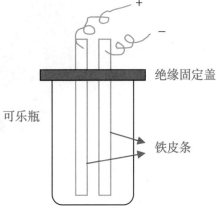

图1 简易静电除尘器

■ 现象观察

点燃一支香烟,猛吸一口,然后打开盖子,把烟雾喷到可乐瓶中,马上合上盖子。这时可乐瓶中充满了浓浓的烟雾。接着启动起电机,观察到两根铁片中间的烟雾很快消失,随后可乐瓶中其余的烟雾也消失得无影无踪。

■ 现象解密

起电机启动后,铁片的正负极之间电压很高,烟雾被电离,正离子跑到负极铁片上,负离子跑到正极铁片上,烟雾就消失了。若多次向可乐瓶内喷入烟,通过起电机起电,两铁片上面就会粘满烟尘。

静电除尘广泛应用于以煤为燃料的工厂、电站,收集烟气中的煤灰和粉尘;冶金中用于收集锡、锌、铅、铝等氧化物;现在也有可以用于家居的除尘灭菌产品。

■ 应用拓展

模拟静电复印实验。将丝绸在干燥的塑料板上用力摩擦后,用手指在塑料板上缓慢移动写字,如写一个"好"字;然后把木屑均匀地撒在塑料板上,再将塑料板

竖起,并轻轻敲击,塑料板上就会留下一个空心的"好"字。请问这是什么原因？如果想用相同的器材,写一个实心的"好"字,可以用什么方法？

如图2为静电吸尘器,请说明原理。

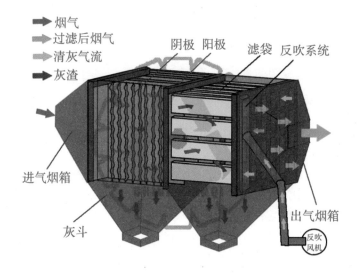

图2 静电除尘内部装置

■ 思考题

静电在日常生产生活中经常遇到,请再多举出一些应用实例。

静电起电机
Van de Graaff Generator

美国科学家富兰克林曾做过著名的风筝实验,并在此基础上发明了现代避雷针。在1752年7月的一个雷雨天,富兰克林冒着被雷击的危险,将一个系着长长金属导线的风筝放飞在雷雨云中,金属线末端拴了一串银钥匙。当雷电发生时,富兰克林伸手接近钥匙,钥匙上迸出一串电火花,手上还有麻木感。幸亏这次闪电比较弱,富兰克林没有受伤。钥匙尖迸出的电火花是所谓的尖端放电现象引起的。雷电使金属导线带电,钥匙尖端处电荷最密集而形成强电场,空气分子在此强电场作用下电离,产生能够自由移动的电子和正离子,其中与钥匙带异号电荷的粒子与钥匙中的电荷中和,出现放电火花。本实验中采用范德格拉夫起电机观察尖端放电现象。

▨ 实验装置

范德格拉夫起电机(结构示意图如图1所示)、绝缘凳子、导体针尖、蜡烛等。范德格拉夫起电机结构描述:A为金属球壳,C和D为金属轮,C和D之间有一绝缘传送带,E和F为金属针尖或电刷。

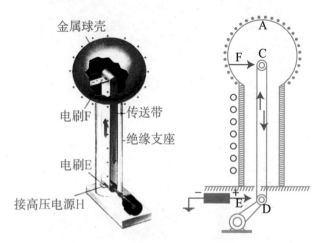

图1 范德格拉夫起电机结构示意图

现象观察

1. 头发竖起现象观察

绝缘凳子

图2 实验照片　　　　　　　图3 实验操作示意图

　　确保金属壳与地同电势的条件下,人站立在绝缘凳子上,手紧按范德格拉夫起电机的金属球外壳,如图3所示。当起电机启动时,电荷传到我们的身体上,头发便会竖立起来。

2. 尖端放电吹蜡烛现象观察

图4 尖端放电吹蜡烛现象观察

金属球壳外面粘贴一导体针尖,确保接触良好,将一根点燃的蜡烛靠近导体针尖。当我们不断给金属球外壳充电时,火焰就好像被风吹一样朝背离针尖的方向偏移,如图4所示。

现象解密

1. 范德格拉夫起电机是美国科学家范德格拉夫 (1901—1967) 1931年发明的。针尖或电刷 E 与直流电源(电压约为几万伏)的正极相接,这样 E 与金属轮 D 之间就有几万伏的高压,附近空气被电离,负电荷跑向针尖,正电荷跑向传送带并附于其上,电动机带动轮 D,传送带就把正电荷带向上方,针尖或电刷 F 在传送带正电荷感应下带负电。于是传送带与 F 之间形成强电场并使空气电离,其正负电荷分别跑向 F 和传送带。F 上的正电荷不断被传送到金属壳外表面上(为什么?),使金属壳与地之间的电压差不断增加。

2. 静电平衡时,孤立导体表面的感应电荷面密度与曲率半径成反比,即越尖端的地方电荷面密度越大,而导体附近的电场强度又与其表面的电荷面密度成正比,所以尖端附近产生的电场非常强。强大的电场使尖端周围的空气分子电离,空气中与导体电荷相反的带电粒子被尖端吸引,与导体电荷相同的带电粒子则被排斥到远处,这种现象称为尖端放电效应。

应用拓展

范德格拉夫起电机金属球壳上的电荷能产生超过一千万伏特的高压。在核物理实验中,如此高的电压可用来加速各种带电粒子,如质子、电子等。

思考题

1. 问:你能设计出几个利用范德格拉夫起电机的演示实验? 你还能想出它的其他应用吗?

2. 尖端放电吹蜡烛实验中,吹蜡烛的是电子风还是正离子风? 为什么?(注意:金属外壳带的是正电荷)

3. 范德格拉夫起电机中,用电刷和金属针尖在原理上有什么区别?

4. 范德格拉夫起电机演示实验中,涉及哪些静电感应现象的知识点?

滴水起电机
Kelvin Water Drop Generator

与水电站利用水能发电不同,开尔文滴水起电机是应用静电感应原理制作的一种起电装置,它能在短时间内产生上千甚至上万伏的电压,令人称奇。

◼ 实验装置

两只铝桶、两个金属圆筒、两块绝缘板、两只注入针筒、贮水器、三通管、橡皮管、金属导线、电笔等。

起电机结构描述: B_1 和 B_2 为注入针筒, C_1 和 C_2 为金属圆筒, D_1 和 D_2 为铝桶, C_1 和 D_2 用导线相连, C_2 和 D_1 用导线相连,如图1所示。实物装置如图2所示。

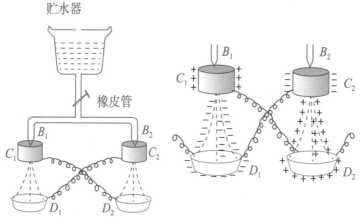

图1 滴水起电机和带电示意图

图2 滴水起电机装置

◼ 现象观察

1. 滴水起电现象观察

打开橡皮管夹,贮水器的水通过三通管分为两注,分别从 B_1 和 B_2 的针筒口流出。水流经过圆筒后,变成细小的水滴,并形成向四周发散的水花。这时手拿氖管电笔,用电笔的测电端接触金属圆筒或铝桶,可以发现氖管发光,表明它们带电。

根据电笔发光的位置可判断被测物体所带电荷的正负性质。

2. 高压放电现象观察

在塑料板放3只验电笔中使用的氖泡,它们相互之间相隔1mm左右,氖泡用胶固定以免移动。用导线将图中的M和N端分别与铝桶D_1和D_2连接。当水滴从注水筒流出数十秒后,3只氖泡同时发光,它们之间的空气空隙也因为被高压电击穿而发出火花及响声,如图3所示。

图3 高压放电现象观察

现象解密

1867年,英国科学家开尔文勋爵(1824—1907)发明了滴水起电机。从贮水器中流出的水经过三通管分为两注从B_1和B_2的针筒口呈水滴状持续不停快速滴出。水滴从水管流出穿过金属圆筒后滴入下方的铝桶中,金属圆筒与铝桶用导线交叉地连接起来。该起电机左右完全对称,在周围无线电波和宇宙射线的作用下(对此有不同观点,有人认为是水在玻璃管内流动而产生的冲流电流,使得水从玻璃管喷口射出的水滴流带电。请参考:李洪泽等,物理实验,Vol.8,No.2(1988)p87~90),两个铝桶都带了负电,但它们所带的电量通常不等。带负电荷较多的水桶连接另一边的金属圆筒,由于静电感应,这个金属圆筒把三通管水中的正离子吸引过来,使该边的滴水口中出现正电荷,当水滴下落时,就会把正电荷带到其正下方带负电荷较少的金属水桶中。如此继续进行下去,电荷分离速度逐步加快。一会儿便能在两个金属桶之间建立起15000V以上的高电压。

应用拓展

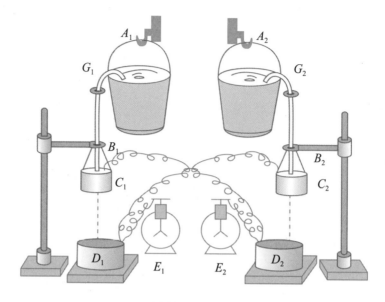

图4 改装后的滴水起电机

如果将滴水起电机的实验装置作如下改造:贮水器用两只彼此绝缘的塑料桶 A_1 和 A_2 代替,挂在结实的支架上。用两根橡皮管 G_1 和 G_2 代替三通管,将水从 A_1 和 A_2 中引出来,橡皮管 G_1 和 G_2 上各有一只螺丝夹子用于控制水流大小, G_1 和 G_2 的另一端又各自插入一根尖嘴玻璃管 B_1 和 B_2 (尖嘴口内径大约为0.3~0.5mm)。 C_1 和 C_2 为两只金属圆筒, D_1 和 D_2 为两只铝桶,它们均放在绝缘良好的塑料板上,用导线将圆筒 C_1 、 C_2 交叉与铝桶 D_1 、 D_2 连接, E_1 和 E_2 为验电器,如图4所示。

问:经过装置改装后再次进行实验,会发生什么现象? 你能设计出其他的应用吗?

思考题

1. 在以上的开尔文滴水起电实验中,为什么用导线将圆筒 C_1 、 C_2 交叉与铝桶 D_1 、 D_2 连接? 如果不是交叉连接,会出现什么情况?

2. 在滴水起电实验中,你认为水滴直径的大小会影响起电过程的快慢吗? 金属圆筒 C_1 和 C_2 的直径会影响起电过程的快慢吗? 为什么?

3. 滴水起电实验可以延伸出很多其他相关实验,如滴水"变压器"实验等,请利用本实验原理,设计一款滴水"变压器"。

圆形滚球
Electrostatic Circular Ball

将电介质或导体置于静电场中,它们分别因为极化和静电感应而在界面上出现正负极化束缚电荷和正负感应自由电荷。静电滚球、静电摆球和静电跳球等实验装置就是根据这一原理制成的。

实验装置

静电滚球演示仪如图1所示,高压电源(或静电起电机)。

图1 静电滚球实验装置

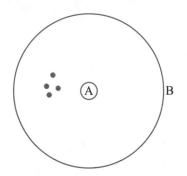

图2 实验装置示意图

现象观察

1. 圆形滚球往复运动观察

将高压电源的输出端与接地线分别连接到中心圆柱和外围圆板上,同时让接地线接触地面。开启高压电源,观察其间锡箔小球(示意图2中的黑点)的运动。

2. 摆球往复运动观察

图3 摆球运动装置和结构示意图

将高压电源的两极分别接到左右两极板。调节小球的位置,让它略偏向一极板。打开高压电源,观察小球的运动情况。

3. 跳球往复运动观察

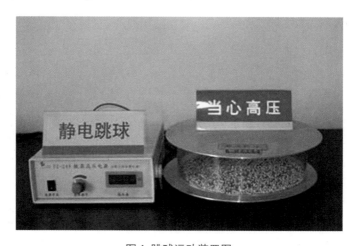

图4 跳球运动装置图

将高压电源的两极分别与上下两极板相连接。打开高压电源,观察小球的运动情况。

现象解密

静电圆形滚球实验仪由中心金属圆柱、外围金属圆板和绝缘平板组成。高压电源的一极接中心圆柱,另一极接外围金属圆板。打开电源后,若中心圆柱带正电,金属圆板带负电,则以圆柱为中心,在圆柱和圆板之间有一径向放射形电场。平板上的金属小球被静电感应,表面出现自由电荷,形成与外电场方向相反的内电场,于是小球受到电场力作用,电场力使靠近中心圆柱的小球沿径向轨道向中心运动,靠近圆板的小球则沿径向方向向圆板运动。当小球与中心圆柱接触或与圆板接触,小球便会带上与这两极同号的电荷而被它们排斥,沿轨道向另一极运动。这样,小球就会沿着径向方向往复运动。

静电摆球和静电跳球实验的原理与此类似,请读者自行分析。

应用拓展

静电现象有广泛的应用,静电除尘器就是其中之一。静电除尘器运行时,阴极线与阳极板间加有40～70kV的高压直流电,阴极线或阴极线放电尖端将产生电晕放电,产生正、负离子。当粉尘通过除尘通道时,会被粘附上离子而在电场力的作用下向相反极性的电极移动,并沉积于电极,达到收尘的目的,粉尘将自行或被振打落入灰斗,经排灰装置排出机外。

思考题

1. 你能举出几个静电现象的应用实例吗?

2. 如果用相对介电常数较大的介质球进行实验,试将它与金属球的运动情况做比较。

3. 雷电是夏天常见的天气现象,你知道雷电的成因吗? 落地雷又是怎么回事?

火焰导电

Flame Conductivity

　　火焰很奇妙,它可以形成各种美丽的色彩和形状。火焰是物质燃烧时释放出光和热的一种现象,是能量释放的一种方式,或者说是一种状态。火焰给人类带来很多益处,生活上用于烹饪食物,工业上广泛应用于化学分析,如原子吸收光谱等,但火焰使用不当,极易造成危害。本实验主要研究火焰的导电特性。

■ 实验装置

　　火焰导电演示仪一套,如图1所示。它包括固定在底座上的两个电极,给电极供电的高压直流电源,用于产生火焰的打火机,检测电流的万用表。

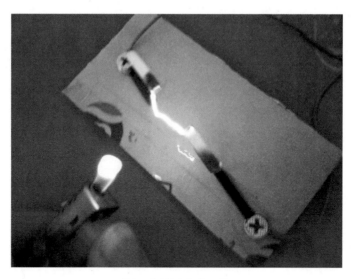

图1　火焰导电演示仪

■ 现象观察

1. 火焰形状观察

　　观察打火机产生的火焰,可见火焰竖直向上呈锥形,如图2(a)所示。将火焰移至接于高压直流电源上的两电极间,可观察到火焰出现明显的分岔,如图2(b)所示。

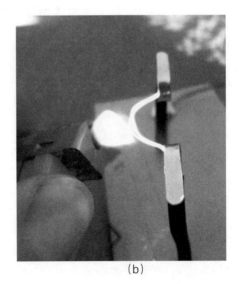

(a)　　　　　　　　　(b)

图2 火焰的状态和导电能力

2. 火焰导电能力观察

在高压直流电源和两电极所构成的回路中接入万用表,打开电源开关,观察流经万用表电流的大小。点燃蜡烛,将火焰移近两电极中间,可观察到电火花向火焰靠近,如图2(b)所示,且火焰明显出现分岔,最后电火花同火焰融合在一起,发现万用表所测电流明显增大。

▰ 现象解密

物质燃烧时,会使气体中有些原子发生电离,使其中部分或全部电子脱离原子核的束缚成为自由电子。由于自由电子的电荷总量和离子的正电荷总量相等,气体仍然呈电中性,这种状态称为物质的等离子态,即物质的第四态。物质的另外三态分别为大家所熟悉的固态、液态和气态。火焰一般认为是气体处于等离子态的一种现象,行为受电磁场影响。

当蜡烛在空气中燃烧时,热量造成空气流上升,空气流在蜡烛火焰周围平稳流动,并将它聚拢形成圆锥状。当火焰靠近高压电极时,火焰中的正负电荷分别受到两极的吸引而各自向两极运动,从而出现分岔现象。

空气在正常情况下不导电,但在高压电场作用下,也会使部分空气分子发生电离而具有一定的导电能力,电火花就是高压下空气被击穿后的瞬间电流,并伴有光和热。当火焰靠近两高压电极时,火焰中的正负电荷也会吸引电火花中的异号电荷,出现电火花向火焰靠近而融合在一起的现象。当然火焰置于两高压电极间,火焰中的带电粒子也参与导电,会大大增加空气的导电能力。

▊ 应用拓展

空气是绝缘体,而处于等离子态的火焰具有导电能力。利用火焰的导电特性,可在煤气灶火焰中安装一根电极,再外加电压,即可产生电流。检测电流的有无即可判断火焰是否熄灭,根据这个原理可设计制作一个煤气燃烧熄火保护装置。

▊ 思考题

1. 根据火焰的导电特性,你能想象出还有哪些应用?

2. 火焰由三部分组成,分别为外焰、内焰和焰心,请分析在火焰的不同位置,其导电能力有何区别?

3. 不同材料燃烧的火焰,其导电能力是否相同,是否可以据此分析材料的特性?

4. 空气导电与哪些因素有关?

5. 取两块直径15cm左右的铝圆板 A 和 B,将它们接上绝缘良好的塑料柄后固定在铁支座 M 和 N 上,两者相距约15cm。再取一小针 C,把它固定在塑料棒上后再固定在铁支座 H 上,针尖离板约25cm。然后把一支外面包了铝箔的乒乓球 D 用棉线挂在塑料棒 E 上,E 则固定在 H 上,球则离 B 约2cm,如图3所示。让铝板 A 和针尖 C 分别带异号电荷,这时把点燃的蜡烛慢慢地插入 A、B 之间,试分析将会发生什么现象。

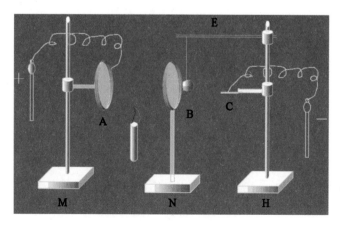

图3 火焰导电能力演示

金属笼静电屏蔽
Metal Cage Electrostatic Shielding

绝缘体不导电,这是常识。然而在静电场中,能对其内部物体起静电屏蔽作用的却非绝缘体空腔,而是导体空腔。

实验装置

金属网笼一个,起电机一台,带有绝缘支架的金属球一个或金属尖棒一根。

图1 金属网笼实物照片

现象观察

1. 金属网笼静电屏蔽观察

金属网笼内放一小动物,并置于绝缘台上,起电机工作使金属网笼带电,将带有绝缘支架的接地金属球靠近、但不接触网笼。随着金属网笼的电压不断升高,其与金属球或金属棒之间因尖端放电而不断冒出火花,同时发出劈劈啪啪的声音。观察网笼中的小动物,发现它安然无恙。实验装置和实验演示如图1所示。

2. 法拉第圆筒内部不带电观察

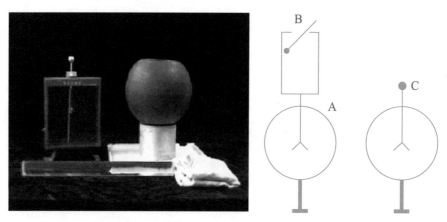

图2 法拉第圆筒照片和法拉第圆筒示意图

先用起电机使筒A带电,即观察到A中箔片张开。验电球B先接触A外表面,再与验电器金属球C接触,反复几次后,可看到C金属箔张开,这说明A外表面有电荷。法拉第圆筒照片和法拉第圆筒示意图如图2所示。

但是,若使B反复几次与A内壁接触后再与C接触,则没有观察到C金属箔张开,这表明验证A内壁无电荷。

■ 现象解密

导体内有大量自由电子,在外电场的作用下会逆外场方向运动,使导体迎着外场的一边带负电,而另一边带正电,也就是说,导体被外电场感应出一个方向相反的内电场。内外电场达到静电平衡后,导体内部场强处处为零,电荷只分布在导体的外表面上。对于空腔导体,只要腔内无带电体,腔内空间就无电场,内表面也无电荷。但如果腔内有电荷,则腔内存在电场,同时内表面上将感应出异号等量电荷,外表面上感应出同号等量电荷,腔内空间(包括空腔内表面上的电荷和腔内的电场分布)仍然不受外电场的影响,这是静电屏蔽的第一种情况,即空腔导体可以屏蔽外电场,使其内部物体不受外电场影响。不过这时空腔导体只能对外电场屏蔽,却不能屏蔽内部带电体对外界的影响。若将空腔导体接地,空腔外表面上的电荷有可能通过接地线流入大地(是否全部流入大地取决于外部空间其他电荷或电场分布,为什么?)。这时,空腔内电荷对外部空间的影响消失,这是静电屏蔽的第二种情况,即接地空腔导体外部空间的电场不受空腔内电场的影响。

应用拓展

静电屏蔽的一个应用是电工穿上金属屏蔽服可在高压(高达500kV)状态下带电作业,如图3所示。

图3 左边上下两幅小图为屏蔽服,右边是电工在高压下作业。

思考题

1. 你能举出几个利用静电屏蔽原理的实例吗?

2. 如果空腔导体内部有带电体,将在其壳外壁上感应出电荷,而壳接地可以把电荷引入大地。那么是不是任何情况下,壳外壁都一定不带电? 如果不是,则何种情况下壳外壁带电?

3. 如果空腔导体外部的电场发生改变,请问空腔导体的接地线中是否有电流流过? 为什么?

4. 在实际应用中金属外壳不必完全封闭,用金属网罩代替也可达到类似的静电屏蔽效果。有时用一块导体板就能够实现静电屏蔽,你能分析一下原因吗?

雅各布天梯
Jacob's Ladder

　　希腊神话中,有个名叫雅各布的人做梦沿着登天的梯子取得了"圣火"。后人便把这梦想中的梯子,称为雅各布天梯。物理中的雅各布天梯实验展示了电弧放电(arc discharge)现象。两个电极之间的电压达到一定值时,极间空气被击穿,两极导通产生明亮的弧光柱和电极斑点,并伴有几千至上万摄氏度的高温,此即电弧放电。

■ 实验装置

　　高压发生器、管状羊角电极、透明罩。

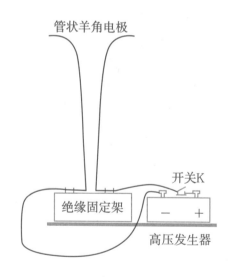

图1 雅各布天梯演示实验装置和结构示意图

■ 现象观察

　　按住开关K约10秒,注意观察电弧的产生和结束的位置,以及电弧的运动特点。休息10秒后可以再次按开关,但按开关时间不要过长,以免产生太多臭氧,污染实验室内的空气。实验时,手应远离电极,以免电击。

现象解密

该实验中高压发生器提供数十万伏的高压给两根管状羊角电极,羊角电极间距最小处(即下端)负极表面的电子在电场的作用下首先被拉出负极表面而形成自由电子。在强电场作用下,自由电子向阳极加速运动,动能越来越大,在途中不断地与空气中的中性分子或原子发生碰撞,使束缚在它们原子核外的电子释放出来。新产生的电子和正离子分别向正负极加速运动,它们同样会使碰撞到的中性分子或原子产生电子和正离子。上述过程导致电极间的空气充满电子和离子,具有很大的电导,在外电场作用下,极间空气可能被击穿而形成电弧。电弧的温度很高,空气中的分子在高温下,产生剧烈的无规则运动,相互碰撞又产生新的自由电子和正离子,维持电弧的燃烧。

电弧形成后,由于空气对流加上电动力的驱使,使电弧逐级激荡而起,像一簇簇圣火似地向上爬升,犹如古希腊神话故事中的雅各布天梯,该实验也由此而得名。

在实验中,当电弧被拉长到一定长度时(不同实验设备长度有所不同),电弧通过的电阻较大。此时,电流传送给电弧的能量小于由弧道向周围空气散出的热量,电弧就会自行熄灭。但接着羊角电极底部又会产生新的电弧,形成周而复始的电弧爬梯现象。

应用拓展

焊条电弧焊是工业生产中应用最为广泛的焊接方法,它的基本原理是利用电弧放电所产生的热量将焊条与工件互相熔化并在冷凝后形成焊缝,从而获得牢固的接头。

思考题

1. 你能举出几个电弧放电现象在生产和生活中应用的实例吗?

2. 电弧形成后,为什么会上升? 空气对流是电弧上升的唯一原因吗?

3. 上述演示实验中,电弧产生的电压要几万伏,可在电弧焊接机中的电压并不高,有24V、50V、75V的等等,为什么?

4. 在雅各布天梯演示实验装置中,如果改变羊角电极的管径和极间距离,请分析会给实验带来哪些影响?

温差电效应
Thermoelectric Effect

大家知道能量是可以互相转换的。水电站发电把机械能转化为电能,电动机工作则是将电能转化为机械能;两物体做摩擦运动把机械能转化为热能,热机做功则把热能转化为机械能。类似能量间的互相转化,还可以举出很多例子。通常情况下,能量间的互相转化需要两种设备。但是,早在100多年前,科学家们发现了一种温差电效应,利用该效应可以实现热能与电能之间的互相直接转换。当然,它的真正应用是在半导体技术获得发展之后。

温差电效应包括三种相互关联的现象:塞贝克(Seebeck)效应、帕尔贴(Peltier)效应与汤姆孙(Thomson)效应。

▓ 实验装置

温差电效应演示仪如图1所示,其中烧杯1只,温度计2只,电炉或酒精灯1只,保温杯1只,显示系统1个,冰块若干。

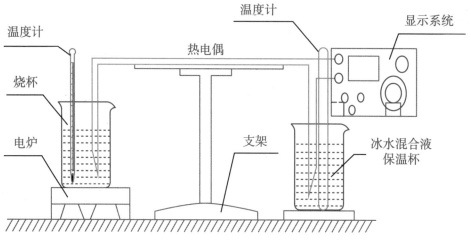

图1 温差电效应演示实验仪示意图

现象观察

1. 温差电动势的观察

烧杯中放热水,保温杯中放冰水混合液,热电偶两端分别浸入这两种液体中,同时热电偶接显示系统。用电炉或酒精灯加热热水杯,从显示系统观察电动势的变化情况,如图1所示。

2. 制冷现象的观察

对上述实验仪做如下改装,打开电源给热电偶通电,用电炉或酒精灯加热热水杯,使烧杯中的水温不断升高,同时从插入保温杯中温度计的读数可知道保温杯中的水温在持续下降,达到制冷的效果,如图2所示。

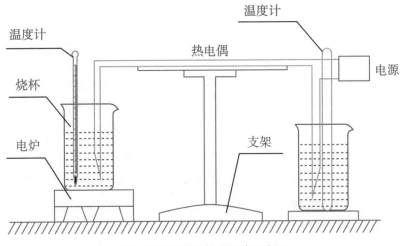

图2 利用温差电效应制冷示意图

现象解密

不同的金属(或半导体)材料具有不同的电子浓度,当它们接触时,在接触面上就会发生电子扩散,电子的扩散速率与两种材料的电子浓度差有关,并与接触面的温度成正比。

假定金属材料A和B的电子浓度分别为N_A和N_B,若$N_A>N_B$,电子扩散的结果使材料A失去电子而带正电、材料B获得电子而带负电,如图3所示。在接触面形成电场,这个电场将阻碍电子的继续扩散。最后扩散力与电场力达到动态平衡,在接触面形成一个稳定的电位差,称为接触电动势。

将两种不同的金属A和B两端分别紧密接触组成一个回路,如图4所示。如果两连接处(称为结点)的温度不同,则接触电动势不同,回路中产生温差电动势和热电流,这就是温差电偶或热电偶的基本结构。该现象由德国物理学家塞贝克(1770—1831)于1821年首先发现,因此也被称为塞贝克效应。

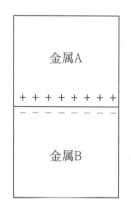

图3 接触电动势　　　　图4 温差电偶或热电偶的结构示意图

在一定的温度范围内,温差电动势在数值上正比于两连接处的温度差。一般金属的接触电动势为每开尔文温差只有几微伏,而半导体可比它大数个量级。

塞贝克效应存在反效应——帕尔贴效应,由法国科学家帕尔贴(1785—1845)于1934年发现。这是一种当电流通过不同金属的接触面时,在接触处发生吸收或释放热量(帕尔贴热)的现象。吸热还是放热由电流方向决定,吸收和放出的热量与通过该处的电流密度成正比。帕尔贴效应产生的原因是:电流通过不同金属的接触面时,接触电动势对电流要做正功或负功,因此要吸收或释放热量。该效应可逆,即当电流反向时,接触面处的吸热将变为放热或反之。

1856年,英国物理学家汤姆孙(1824—1909)在塞贝克效应和帕尔贴效应的基础上预言了第三种温差电现象——汤姆孙效应,后来又有人用实验验证了该现象:在存在有温度梯度的均匀导体中通过电流时,导体中除了产生不可逆的焦耳热外,还要吸收或放出一定的热量。汤姆孙效应也是可逆的,电流反向,则吸放热倒过来。

应用拓展

温差发电是利用塞贝克效应把热能转化为电能。当一对温差电偶的两接触面处于不同温度时,其两端的温差电动势就可作为电源。

温差电制冷器是根据帕尔贴效应制成的。如果在温差电材料组成的电路中接入电源,则在一个接触面处放出热量,在另一个接触面处吸收热量。假定保持放热接触面的温度,则另一接触面就会冷却,从而产生制冷效果。温差电制冷器体积小、无噪音、运行安全,并可通过调节电流大小来准确控制温度,因此它常被应用于潜艇、精密仪器的恒温槽、小型仪器的降温、血浆的储存和运输等场合。

■ 思考题

1. 问:你能举出几个温差电效应的应用实例吗?

2. 如果把实验装置做如下改装(见图5),热电偶两端分别放在烧杯的热水和保温杯的冰水混合液中,不对烧杯加热,而是打开电源使热电偶通电,问烧杯中的水温将如何变化?

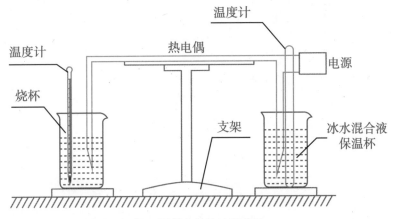

图5 温差电效应改装实验

3. 图6是由两块半导体材料组成的发电机,P型半导体与N型半导体的两端分别接触热源与冷源,试分析其发电原理。

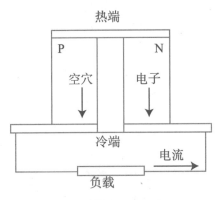

图6 半导体发电机示意图

4. 图7利用反射聚光镜反射太阳光来加热铜导热板,从而实现发电的目的。你也能利用温差电效应设计一款应用于我们日常生活中的产品吗?

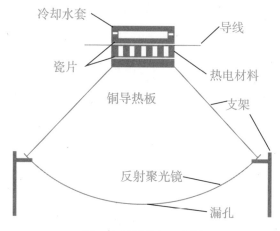

图7 太阳能发电示意图

美丽辉光球
Plasma Magic Light

"灯火万家城四畔,星河一道水中央。"白居易的诗为我们记录了当年杭州万家灯火的夜景。如今的都市更是不夜城,各种装饰照明光源为它披上流光溢彩的华美衣裳,展现出白天所没有的迷幻光彩。霓虹灯是其中应用最广的一种光源,自1910年在法国问世以来,历经百年而不衰。霓虹灯的发光原理为辉光放电,是电流通过气体时所伴有的一种发光现象。

■ 实验装置

辉光球演示实验仪,如图1所示。

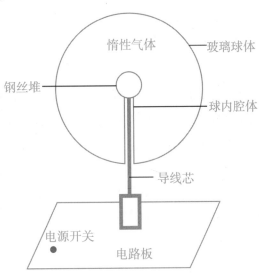

图1 辉光球演示实验仪和结构示意图

■ 现象观察

1. 辉光球发光现象观察

打开电源开关,辉光球发光。用指尖轻轻触及辉光球,可见辉光在手指周围变得更为明亮,产生的弧线顺着手的触摸移动而游动扭曲,似乎是随手指移动起舞。

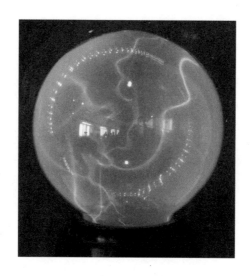

图2 辉光球发光照片

2. 辉光球点亮日光灯观察

手拿6W日光灯管的一端,使其另一端靠近辉光球,观测日光灯管的发光现象。

现象解密

英国物理学家法拉第(1791—1867)在1831—1835年期间研究低压气体放电时发现辉光放电现象和法拉第暗区。1858年,德国物理学家普吕克尔(1801—1868)在1/100托低压下研究辉光放电时发现了阴极射线,成为19世纪末粒子辐射和原子物理研究的先驱。

辉光球又称等离子魔幻球,是一个密闭的球型玻璃腔,先被抽成真空,然后充满惰性气体——氖气(或氦气、氩气等),球中央有一个钢丝绕成的球状电极。球底部有一个振荡电路将普通的220V交流电或者12V直流电转变成高频脉冲式交流电,它的电压可以高达数千乃至上万伏,频率高达数百至数千赫兹,但电流只有几毫安。因此,当我们用手指接触玻璃球体时不会有触电的感觉。钢丝球电极通电以后,腔内的残余电子或正离子向异号的电极方向加速运动,在途中与腔体内的惰性原子发生碰撞,使其电离成电子和正离子。这些带电粒子同样被电场加速,并与其他惰性原子碰撞,使它们电离,这种雪崩式的碰撞电离使玻璃球腔内产生气体放电现象,形成等离子体。

辉光球发光是由于球腔内的惰性原子产生了受激辐射,即惰性原子被激发到较高能级,它们在向低能级跃迁时放出光子。由于同种惰性原子的能级间距是固定的,所以从高能级跃迁到低能级放出固定频率的光子。发出什么颜色的光取决于腔内充何种惰性气体,如果充氖气,它的发射光谱以红色为主,夹杂有少量的黄色光,充氩气发蓝紫色光,充氦气发粉红色光。若腔内充入不同含量的氦、氖、氩混合气体,就成为五光十色的霓虹灯。如果腔内充入少量的汞和氩气,并在内壁涂上荧光物质,即可成为日光灯。

当我们用手指接触辉光球的外壳时,为什么光线会聚在手指尖处,并随着手指的移动而移动呢? 这是因为人体的电阻远小于辉光球外表面其他位置处接触空气的电阻,所以当我们用手指接触球外壳时,手指的电势相对较低,于是从球心通过手指到地形成一条通路,电流也是光线就主要会聚在手指尖处,并随着手指的移动而移动。

■ 应用拓展

气体放电有许多效应,如导电效应、光效应、热效应等。导电效应应用在电力系统及电工制造业中,主要是为了改进气体绝缘性能,避免它们的破坏作用以及对环境的电磁干扰;利用气体放电的光效应,我们可以制造各种电光源。在生活中,我们利用电晕放电原理制造电除尘器,还可以产生臭氧(O_3)净化水源,这已成为改善环境的重要技术手段之一。

辉光放电主要利用其发光效应,如制成霓虹灯、日光灯,以及正常辉光放电的稳压效应,如氖稳压管。利用辉光放电的正柱区产生激光的特性,可以制造氦氖激光器。

■ 思考题

1. 问:你还能举出几个应用辉光放电的实例吗?
2. 除了加高频强电场外,还有哪些方法可以使低压气体产生辉光放电现象?
3. 手拿测电笔靠近辉光球,电笔能发光吗? 为什么?
4. 用一根接地的软导线靠近辉光球,会出现什么现象?

压电传感器
Piezoelectric Effect

　　《封神演义》中讲到，商纣王手下有两员大将，一个叫高明，一个叫高觉。高明眼观千里，人称千里眼；高觉耳听八方，故名顺风耳。虽然这只是传说，但说明人类对这些特异功能的向往由来已久。到了近代，随着传感技术的出现和发展，人类借助于仪器设备，已经可以做到眼观千里、耳听八方。

　　压电传感器是目前广泛应用的一种传感器，它利用某些电介质材料的压电效应，实现机械能与电能的互换。在电介质的某个方向上施加力的作用，使其产生压缩或伸长等形状的变化，在作用力方向两个相对的表面上会出现正负电荷，产生电场，电场的大小与方向随外力的大小和方向而改变，当外力去掉后，电介质又恢复到原来的电中性，这种将机械能转变为电能的效应称为正压电效应。反之，在电介质的两个相对表面上施加电场，也会引起电介质的形变，形变随电场的撤除而消失，此为逆压电相应。

■ 实验装置

　　压电效应演示实验仪，闹钟1只，如图1所示。

■ 现象观察

　　1. 正压电效应现象观察

　　将闹钟的振动经压电效应转化为电信号，演示正压电效应现象。

图1 压电效应演示实验仪

　　2. 逆压电效应现象观察

　　由电信号驱动压电片产生机械效应，演示逆压电效应现象。

■ 现象解密

　　1880年法国人居里兄弟最早发现了"压电效应"。1942年，世界上第一种压电陶瓷材料——钛酸钡先后在美国、前苏联和日本研制成功，其后各种性能优异、制造简单、成本低廉的压电材料络绎诞生。目前人们已将纳米技术应用到压电材料的制作工艺上,取得了新的突破。

组成电介质的分子分有极分子和无极分子两种。在未加外力时,虽然有极分子的正负电荷中心错位,但由于分子的无规则热运动,它们的排列杂乱无序,电介质的内部和界面上均没有宏观的电荷产生;对于由无极分子组成的电介质,因分子的正负电荷中心重合,无论在体内还是在表面上同样无宏观的电荷产生。图中的材料由有极分子组成,当在上下表面施加拉力时,有极分子的正负电荷中心会分别转向拉的方向,结果在上表面出现正电荷,下表面出现负电荷,如图2(a)中的中图所示;反之,当电介质上下表面受到压力时,有极分子被挤压而向水平方向转动,电介质上表面出现负电荷,下表面出现正电荷,形成与受到拉力时方向相反的电场,如图2(b)中的右图所示。对于无极分子组成的电介质,在外力作用下,各分子的正负电荷中心不再重合,产生沿受力方向的位移,最终在受力相对的两个表面上出现异号电荷,产生电场,电场大小与外力成正比,并随外力方向的改变而改变;外力撤去后,电介质恢复电中性。

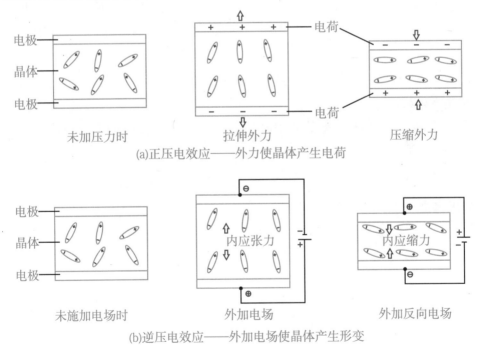

图2 压电效应机理图

以上为正压电效应的机制。当电介质在某固定方向受到外电场作用时,将产生逆压电效应。如果电介质由有极分子组成,则有极分子的正负电荷因受电场力作用,它会转向与外场平行的方向,同时产生一定程度的拉长,结果沿外场方向电介质伸长;改变电场方向,电介质将缩短,如图2(b)所示。如果电介质由无极分子组成,这些分子的正负电荷中心沿外电场方向被拉长或压缩错位,从而导致电介质伸长和缩短。

应用拓展

压电陶瓷对外力的作用非常敏感,它甚至能感应到十几米外飞虫拍打翅膀对空气的扰动,并将极其微弱的机械振动转换成电信号。利用这一特性,可将压电陶瓷应用于声纳系统、气象探测、遥测环境保护、家用电器等各个方面。

1. 潜艇上通常都装有声纳系统,它是水下导航、通讯、侦察敌舰、清扫敌人水雷的必备设备;也是开发海洋资源的有力工具,如用它可以探测鱼群、勘查海底地形地貌等。

2. 医学上,医生将压电陶瓷探头放在患者要检查的部位体表,通电后发出超声波传入人体,超声在人体不同声阻抗的组织交界处反射,产生回波,压电陶瓷探头接收回波并将其处理后显示在荧光屏上,医生便能了解患者的病情。

3. 工业上,将压电陶瓷元件应用到地质探测仪中,就可判断地层的地质状况,查明地下矿藏。

4. 生活上,用压电陶瓷制成的压电打火机,使用方便,安全可靠,可使用上百万次。

诸如这样的应用实例不胜枚举。

思考题

1. 问:你能举出5个以上压电传感器的应用例子吗?

2. 常见的压电材料有哪些?工业上常用的压电材料又有哪些?它们各有何特点?

3. 石英与压电陶瓷的压电效应在机理上有什么区别?

4. 压电效应和电致伸缩效应在机理上有何不同?

手触蓄电池
Hand Touch Battery

  电池的发明,为人类的生活带来了极大方便。在漆黑的夜晚,手电筒可为人们带来光明;在炎热的夏天,装有电池的空调遥控器可打开空调,为我们带来凉爽;平时,我们常能在广场或街头看到孩子们玩电动赛车,乐此不疲……电池已与我们的生活息息相关。

  蓄电池是电池中的一种,它的作用是能把有限的电能以化学能的形式储存起来,在合适的地方使用,那么蓄电池的工作原理又是怎么样的呢?

■ 实验装置

  手触蓄电池演示仪一套,如图1所示。它包括二支铜棒A和B,二支铝棒C和D,一只数字式微安表G。其中铜棒A和铝棒C、铜棒B和铝棒D间用导线连接,其结构如图2所示。

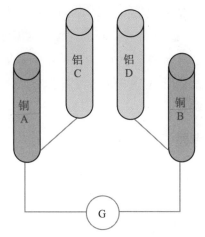

图1 手触蓄电池演示仪　　　　　图2 手触蓄电池结构图

■ 现象观察

  将5V稳压电源插入电源插座,打开数字微安级电流表,双手分别握住铜棒A

和B,电流表无读数。双手再分别握住铝C和D,电流表亦无读数。

当用左手握住铜棒A、右手握住铝棒D时,发现电流表读数不再为零,表明有电流流过。如改用左手握铝棒C、右手握铜棒B时,电流表产生的电流符号改变。浸湿双手,重新握住铜棒A和铝棒D,可观察到电流表读数明显增大。

现象解密

人手上带有汗液,汗液是一种电介质,含有正、负离子,如 Na^+、Cl^-、H^+ 和 OH^-。当汗液与金属接触时,汗液中的离子会与金属发生化学反应。手握铝棒,铝与氯离子生成三氯化铝,把外层电子留在铝板上使铝板聚集大量的电子。握住铜棒的手,汗液中的氢离子从铜板上夺走电子而生成氢气,铜棒上就聚集了正电荷。用导线把铝棒和铜棒连接起来,铝棒上的电子就会向铜棒运动,形成电流。

不同的金属,其活泼程度是不一样的。实验者双手与不同的金属接触产生电势差,双手便成了电池的一部分,这种装置叫手触蓄电池,发生的反应称之为电化学反应。

浸湿双手,电化学反应变得剧烈,流过回路的电流变大。

应用拓展

手触蓄电池是将化学能转化为电能的装置,日常生活中广泛使用的铅酸蓄电池就是应用这个原理工作的。铅酸蓄电池的负极是铅,电解液是硫酸,铅与硫酸反应生成铅离子溶解于水,失去的电子聚集在负极板上,正极是二氧化铅,与水反应生成氢氧化铅,氢氧根离子溶解于水,而铅离子留在正极板上,从而在正、负二极上产生电势差。

思考题

1. 当双手同时握住两支铜棒时,电流表读数为什么非常接近于零?
2. 请分析铅酸蓄电池的充电过程。

基尔霍夫定律
Kirchhoff's Law

电路千变万化,但电路分析有规律可循。对于简单电路,应用欧姆定律就能解决问题。对于由电阻和电源组成的多个回路的复杂电路,仅用欧姆定律还不够,必须利用基尔霍夫定律才能解决问题。

实验装置

基尔霍夫定律演示仪一套,结构图如图1所示。基尔霍夫定律演示仪包括毫安表3只,电阻3只,大小分别为 $R_1=60\ \Omega$、$R_2=300\ \Omega$、$R_3=50\ \Omega$,电源2个,大小分别为 $E_1=12\ \text{V}$、$E_2=8\ \text{V}$。

图1 基尔霍夫定律演示仪

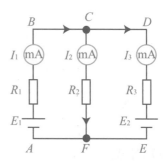

图2 基尔霍夫定律演示仪结构图

现象观察

1. 基尔霍夫第一定律演示

按图2连接电路,如发现毫安表指针反偏,则将毫安表反接。读出3个毫安表的读数 I_1、I_2 和 I_3,可发现 I_1 等于 I_2 与 I_3 之和。若定义流向节点C的电流为正,流出的为负,则有

$$\sum I_i = I_1 + I_2 + I_3 = 0$$

任意改变电阻大小,上述等式仍然成立。

2. 基尔霍夫第二定律演示

据测得的电流数据,按顺时针方向绕回路ABCFA计算各元件上的电压之和,可得

$$-E_1 + I_1 R_1 + I_2 R_2 = 0$$

顺时针方向绕回路ABCDEFA计算各元件上的电压之和,可得

$$-E_1 + I_1 R_1 + I_3 R_3 + E_2 = 0$$

■ 现象解密

一个电路中的每一分支称为支路,支路上各点的电流都相同。由3条或3条以上的支路汇合而成的点称为节点,如图2中的点C和F。电路中的任一闭合路径称为回路,如图1中的ABCDEFA和ABCFA等。基尔霍夫第一定律又称节点电流定律,即电路中的任一点,包括节点在内,都不能积累电荷,因此,任一时刻,流入节点的电流之和必定等于流出该节点的电流之和。如规定流入节点的电流为正,流出节点的电流为负,则汇于任一节点处的电流代数和为零,数学表达式为

$$\sum I_i = 0$$

基尔霍夫第二定律又称回路电压定律,它指出:从电路任一点出发,绕回路一周,回到该点时电势变化为零,即沿闭合回路一周,电势降落的代数和为零,数学表达式为

$$\sum E_i + \sum I_i R_i = 0$$

■ 应用拓展

基尔霍夫定律用于分析计算复杂电路,如计算机中的加法电路,也可用于细胞膜离子通道电流的分析。对于图2,如果2个电源和3个电阻的大小已知,你能求出各支路的电流吗?

■ 思考题

1. 求支路的电流时,电流的方向如何确定?

2. 列回路电压方程时,电源的正负如何确定?

3. 列回路电压方程时,电阻上电压正负如何确定?

磁悬浮地球仪
Magnetic Suspension Globe

　　磁悬浮地球仪能够在无任何支撑及触点的情况下在空中自转,具有独特的视觉效果,本实验对它进行介绍。

■ 实验装置

　　磁悬浮地球仪如图1所示。仪器内部装置如图2所示,整个装置由 A,B,C 三部分组成, A 为待悬浮体地球仪, B,C 分别为上下固定点。在地球仪 A 的南北两极处各安装一个小的永磁体,外N极内S极; C 处安装一个永磁体,极性为上S极下N极。

■ 现象观察

　　1. 接通电源;

　　2. 双手持地球仪,使北极点自上而下慢慢接近上磁极,在一定高度处突然觉得手持力消失,双手松开即可将地球仪悬浮于空中,并可在空中缓慢地转动地球仪。

■ 现象解密

　　本实验是利用磁体间的相互作用实现常温磁悬浮的。通常情况下,磁体间距离越近作用力越大。因此,由静磁场对磁体的作用而形成的磁悬浮一般是不稳定的。为克服这一点,磁悬浮地球仪采取了两项措施:负反馈调节磁力和用磁力定位。 B 为上固定点,它由永磁体 E 、磁场敏感元件 F 和励磁线圈 D 组成。如果没有 D ,只靠 E 的作用不可能使 A 稳定地浮起来。为使 A 能稳定地悬浮,特意在上

图1 磁悬浮地球仪装置

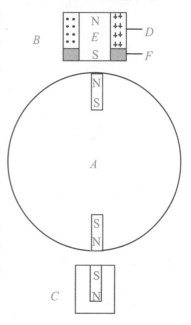

图2 地球仪内部构件示意图

固定点 B 设置 F 和 D，令励磁线圈 D 通以一定强度的电流，电流线圈产生的磁场方向与永磁体 E 的相同，即它们的合磁场对地球仪上的 N 极产生吸引。磁场敏感元件 F 感知地球仪 A 的位置，若地球仪 A 靠近 E 的 S 极时，合磁场将较强，有更吸引 A 往上的趋势，此时受 F 调整的控制电路将减弱流过 D 线圈的电流，使合磁场变弱，A 将因吸引减弱而不向上运动；反之，若 A 偏下，F 感知地球仪偏下，F 调整控制电路将增强流过 D 线圈的电流，使合磁场变强，A 将因吸引力增强而不向下运动。总之，在控制电路的调节下，地球仪 A 受到的磁力与重力平衡，悬浮在空中。下固定点 C 的作用是防止地球仪 A 摆动，使 A 总是趋于竖直并稳定地悬浮在空中。

■ 知识拓展

目前世界上有三种类型的磁悬浮。一是以德国为代表的常导电式磁悬浮，二是以日本为代表的超导电动磁悬浮，这两种磁悬浮都需要用电力来产生磁悬浮动力。而第三种，就是中国的永磁悬浮，它利用特殊的永磁材料，不需要任何其他动力支持。中国永磁悬浮与国外磁悬浮相比有五大方面的优势：悬浮力强、经济性好、节能性强、安全性好和平衡稳定好。槽轨永磁悬浮是专为城市之间的区域交通设计的，列车在高架的槽轨上运行，设计时速230公里，既可客运，又可货运。

■ 思考题

1. 用交流涡流能否实现物体的常温磁悬浮？

2. 当出现断电时悬浮体会自动向上吸起，避免了落下而被损坏，试分析其原理。

霍尔传感器
Hall Effect

霍尔效应是一种磁电效应,在当今科学技术的许多领域都有着广泛的应用,如测量技术、电子技术、自动化技术等等。特别是利用霍尔效应制成的各种半导体传感器已经广泛应用于我们的生活中,它正在悄悄地改变我们的生活方式。

实验装置

霍尔元件1个,磁铁1块,自制演示仪一套,如图1所示。

图1 霍尔传感器演示仪

现象观察

1. 电压表指针偏转观察

把万用表拨至电压10V直流挡,接入演示仪输出端,将磁铁靠近霍尔元件,观察(a)万用表指针的偏转幅度与磁铁离霍尔元件的远近关系;(b)磁铁从不同方向靠近霍尔元件万用表指针的偏转情况。

2. 发光二极管发光亮度观察

把一只发光二极管接入演示仪输出端,一块磁铁靠近霍尔元件,观察发光二极管的发光亮度变化情况。

3. 计数器原理观察

在一可旋转的圆盘边缘处固定一小磁铁,在圆盘外侧靠近边缘处安装一霍尔元件,转动圆盘,观察发光二极管的发光变化情况以及演示仪计数板的变化情况。

■ 现象解密

霍尔效应是霍尔(Hall, A.H. 1855–1938)24岁在美国霍普金斯大学研究生期间,研究载流导体在磁场中受力性质时发现的一种磁现象。后来发现半导体和导电流体等也存在这种现象,而且半导体的霍尔效应比金属强得多。

沿半导体薄板板面方向通以直流电流,如图2(a)所示。在垂直于半导体薄板方向加一匀强磁场,电子受洛仑兹力作用向下偏转,如图2(b)所示。电子在薄板下方沉积,使板下方带负电,上方带正电,上下方正负电荷产生一向下的电场,如图2(c)所示。于是板内运动的电子除了受到向下的洛仑兹力外,还受到向上的电场力作用,两力相等($eE = evB$)则达到平衡状态,板内电子将不再偏转,如图2(d)所示。这时板上下方的电势差被称为霍尔电势 V_H,V_H 正比于磁感应强度 B。

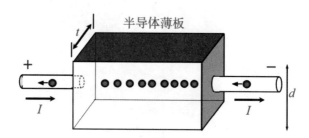

图2(a) 霍尔效应原理示意图

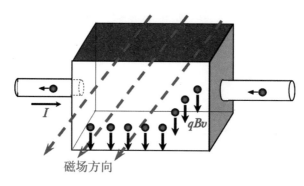

图2(b) 霍尔效应原理示意图

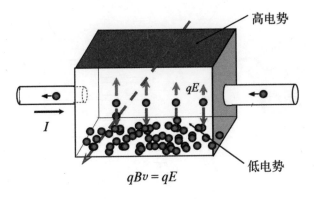

图2(c) 霍尔效应原理示意图

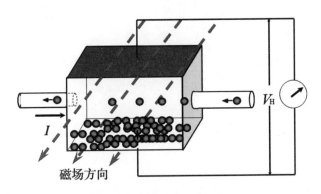

图2(d) 霍尔效应原理示意图

可见半导体薄片上有四个电极,两红线为电流极,两绿线为霍尔电压 V_H 输出极称为敏感极。用塑料封装起来,就形成了一个完整的霍尔元件,如图3所示。

实际的霍尔线性集成元件中,通常在电路中设置稳压、电流放大输出级、失调调整和线性度调整等电路,市场上能买到的有3极(单端输出)和4极(双端输出)两种元件。

以A04E霍尔元件为例,它的管脚与接线图如图4所示。

近年来,由于新型半导体材料和低维物理学的迅速发展,使得人们对霍尔效应的研究又取得了许多突破性的进展。德国物理学家克利青(K.V.Klitzing)因于1979年发现量子霍尔效应而荣获1985年度诺贝尔物理学奖;美籍华裔物理学家崔琦、美籍德裔物理学家施特默(H.L.Stormer)和美国物理学家劳克林(R.B.Laughlin)因在发现分数量子霍尔效应方面所作出的杰出贡献而荣获1998年度诺贝尔物理学奖。

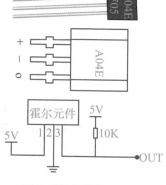

图3 霍尔元件塑封图　　　　　　　图4 管脚与接线图

■ 应用拓展

　　霍尔元件的应用原理简单,信号处理方便,元件本身又有很多独特的优点,结合其他组件和器件,应用千变万化,已作为一种磁场传感器和磁电转换的基础器件,像其他传感器等基础器件一样,在各种信息采集和处理中发挥越来越重要的作用。它可以用来测量磁场、检测铁磁物质、制成磁读头和接近开关等等,用途不胜枚举。

■ 思考题

　　1. 实验中的磁铁如果改变N极和S极方向,电压表指针是否会改变方向？为什么？

　　2. 为什么半导体的霍尔效应比金属的霍尔效应要明显得多？

　　3. 假使其他条件不变,仅提高温度,V_H的大小怎样改变？根据你的判断结果,设想霍尔元件还有什么用途？你能设计出一款利用霍尔元件的产品吗？说出其中道理。

　　4. 利用霍尔元件可制成罗盘指示方向,试说明其原理。

风力发电机
Wind Power Generator

随着社会的进步和经济的快速发展,人类对能源的需求越来越大,传统能源总有一天会耗竭。因而,新能源的开发和利用已成为人类研究的热点课题。风能是清洁新能源,国内外对风力发电有很多研究,目前已经得到很大进展。本实验用微型直流电机作为发电机,演示风力发电的工作原理及过程,具有方便、直观、安全、便携等优点。

■ 实验装置

风力发电演示仪一套,如图1所示,包括鼓风机、发电机、电动机等,另需配一只电压表。

图1 风力发电演示仪

■ 现象观察

(1)打开鼓风机电源开关,调节鼓风机输出电位器,使其有一定风量吹出。将演示仪风扇叶轮靠近鼓风机出风口,使叶轮转动。

(2)将演示仪输出功能开关旋至"发光管"档,发光管被点亮,调大风扇转速,可观察到发光管亮度及点亮数增加。

(3)将演示仪输出功能开关旋至"电动机"档,电动机转动,转速与风速相关,发电机停止转动后电动机也停止转动。

(4)将演示仪输出功能开关旋至"音乐声响"档,内部音乐片驱动扬声器发声,一旦风速减慢,音乐声变调。

(5)将演示仪输出功能开关旋至"输出外接"档,并在相应外接接线柱上接上电压表,可观察风速与输出电压间的关系。

■ 现象解密

鼓风机吹出的风使演示仪上的叶轮转动,叶轮与发电机内的线圈 *abcd* 同轴,使得线圈也随叶轮一起转动,如图2所示。在发电机线圈转动过程中,通过线圈的磁通量不断地发生变化,产生的感应电动势给外接负载供电,从而点亮发光管、驱动电动机、使扬声器发出声音等。

线圈在转动过程中产生的电动势为

$$\varepsilon = \omega BS \cos \omega t$$

式中 ω 为线圈转动角速度,鼓风机风力越大,发电机上叶轮转速越快,产生的感应电动势越大,对负载的驱动能力越强。

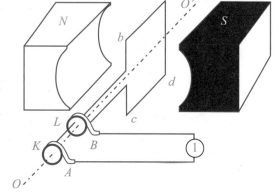

图2 发电机原理图

■ 应用拓展

从能量角度看,风力发电是把风能转化为电能的过程。风力发电不需要燃料,也不会产生辐射或空气污染,因此被人类所看好。风力发电在芬兰、丹麦等国很普遍,我国也在西部地区有较多的风力发电。

■ 思考题

1. 在实际应用中,风力发电机因风量不稳定,输出的电压也不稳定,你有什么办法解决这个问题?

2. 写出风力发电的优缺点。

3. 风力发电设置的地点须具备哪些条件?

4. 中国哪些地方适合使用风力发电?

5. 讨论分析家用风力发电机的可行性设计方案。

跳舞的弹簧
Dancing Spring

通电导线会产生磁场,磁场会对通电导线产生安培力的作用,我们通过实验来观察这一现象。

实验装置

实验材料:细铜线、导线、聚苯乙烯泡沫、食盐、铁架台、6V直流电源、玻璃杯、水等。

将细铜线一圈圈地绕在A4纸张卷成的圆柱(直径为2~3cm)外面,做成一只弹簧,缠绕的时候要注意使铜线彼此靠近,但不交叠。弹簧一端与导线连接,将导线绕在铁架台上固定,使弹簧竖直悬挂,弹簧下端恰好接触玻璃杯中的食盐溶液液面。食盐溶液与弹簧上端的导线分别接到直流电源两极,如图1所示。

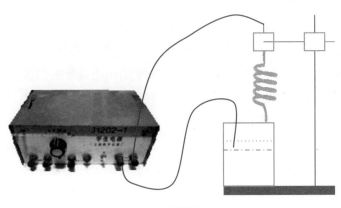

图1 实验装置

现象观察

接通直流电源,弹簧开始"跳舞",交替收缩、伸展,并在盐水里上下跳动。

现象解密

假设A、B细铜线中流过同向电流,A在周围产生如图2所示方向的磁场,B在该磁场中受到安培力F的作用;同理,B也会在其周围产生磁场,而对A产生安培力的作用。A、B两根细铜线因此相互吸引。在弹簧中,相邻细铜线相互吸引使弹簧缩短,端点离开食盐液面时,电路断开;弹簧又由于自身的重力作用而下降,当再次与液面接触时,弹簧又由于安培力作用会收缩。如此重复,我们就观察到了弹簧"跳舞"的物理现象。

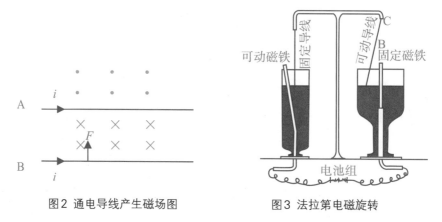

图2 通电导线产生磁场图　　　　　图3 法拉第电磁旋转

■ 应用拓展

通电导线在磁场中受到安培力作用,产生的运动效果与导线或磁体的状态有关。如图3所示是法拉第电磁旋转[①]实验装置,法拉第在《电学的实验研究》中,对此做了这样的描述:"……这是为了使磁极围绕导线转动和使导线围绕磁极转动而制成的装置。此外还用一只沃拉斯通制造的包含10组极板的伽伐尼电池,它可以使导线和磁极获得足够的力量,产生快速的转动。这个装置有一个长宽约6英寸×3英寸的水平台,台上装有6英寸高的铜支架,其中有导线连接,一端导线固定,导线另一端可以自由转动。在固定导线这一方,有一个装有水银的玻璃杯,杯中装有可自由转动的磁极,杯底铜柱连接电源。在自由转动导线的那一端,也有一个稍浅的水银杯,中间固定一只磁极,杯底也有导线与水银连通着。"法拉第指出,这个装置比较小,但比较灵敏,当接通电源时,导线与磁极将同时产生旋转运动。请解释这个现象。

■ 思考题

你还能想出其他类似的现象吗?

---

①王洛印,胡化凯.法拉第对电磁旋转现象的研究[J].自然科学史研究,2008,27(4): 423—424.

电磁炮

Novel Electromagnetic Gun

武器在现代战争中越来越重要,先进武器能改变战争的走向。电磁炮是利用电磁发射技术制成的一种先进的动能杀伤性武器。与传统的火炮将火药燃气压力作用于弹丸不同,电磁炮是利用电磁系统中电磁场的作用力,可大大提高弹丸的速度和射程。目前电磁炮炮弹出膛速度可达到 7~8 倍的音速,射程有 400~500km,因而引起了世界各国军事家们的关注。电磁炮在未来战争中,将会扮演越来越重要的角色。

▊ 实验装置

电磁炮演示仪一套,如图1所示。它包括高功率脉冲电源、炮弹(弹丸)若干、炮管,炮管线圈、底座和靶等。

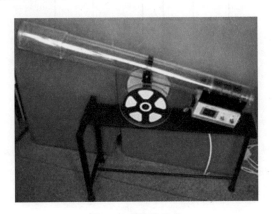

图1 电磁炮演示仪

▊ 现象观察

把靶放在炮弹前进方向,预测炮弹应打到的位置。把金属炮弹放进炮膛中,为便于炮弹射出,要确保炮弹全部进入炮膛。按下高功率脉冲电源的触发开关,炮管中的线圈瞬间通入强电流,穿过闭合线圈的磁通量发生巨大变化。由于电磁感应,置于线圈中金属炮弹会产生感生电流。于是在通电线圈的磁场作用下,炮弹得到加速而飞速射出。

■ 现象解密

电磁炮发射是一种利用电磁能加速炮弹的发射技术,按发射原理电磁炮可分为轨道炮和线圈炮,本实验中采用的是线圈炮。如图2所示,线圈炮由多组加速线圈和炮弹组成。发射时,电流自左往右延迟通入线圈。当加速线圈1通以强脉冲电流时,线圈内的磁通量和通过炮弹内的磁通量在短时间内急剧增加,由楞次定律可知,炮弹表面将因电磁感应产生涡流,涡流激发的磁场阻碍炮弹内磁通量的增加,即线圈上脉冲电流所激发的磁场与炮弹上涡流所激发的磁场相互排斥,推动炮弹向右前进。当炮弹离开线圈1、2之间,前进到线圈2、3之间时,给线圈2通以强脉冲电流,再一次加速炮弹……于是炮弹经过一系列加速线圈的推进,获得了很高的发射速度。

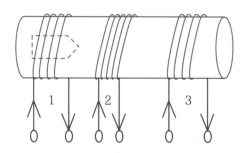

图2 线圈电磁炮原理示意图

■ 应用拓展

电磁炮的原理从能量的角度来看,是将电能转化为炮弹的动能。并且炮弹和炮筒间没有接触,两者间几乎没有摩擦,电能转化为动能的效率高,适合推动较重的物体,如航空母舰上的飞机弹射器,能在几秒钟内把一架几十吨的F14战斗机高速弹射出去。

■ 思考题

1. 还有一类电磁炮叫轨道电磁炮,你知道其设计原理吗? 它有何优缺点?

2. 线圈电磁炮中各级线圈同时通以脉冲电流,对炮弹的运动速度有什么影响?

3. 如果加在线圈中的是稳恒电流,能加速炮弹吗?

4. 电磁炮炮筒如果水平放置,对炮弹的速度会产生影响吗?

电磁弹簧振子

Electromagnetic Spring Oscillator

振动是一种常见现象,它通常发生在弹簧振子中。一条弹簧其一端固定,另一端连接一个物体,该系统便成为弹簧振子。用手拉一下振子,振子便在弹簧回复力的作用下开始振动。但在本实验中,无需用手拉动振子,只要用一个闭合金属环套在振子的自由端,并快速上下移动,振子就会慢慢振动起来。金属环本身是没有磁性的,与振子也没有接触,那么是什么力量让它振动的呢?

■ 实验装置

电磁弹簧振子演示仪一套,如图1所示,其结构包括:钢架 A、弹簧 B、振子 C、闭合铝环 D、塑料环 E、不闭合铝环 F。弹簧 B 的一端固定在钢架上,另一端同一圆柱形振子 C 相连。

图1 电磁弹簧振子

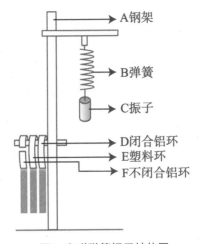

图2 电磁弹簧振子结构图

■ 现象观察

手持闭合金属铝环套在振子下端,尽可能使振子处于环的中央。上下移动闭合金属铝环,可看到振子也慢慢上下运动起来;不断加大闭合金属环上下移动的速

度,观察到振子的振动并不一定随之加快,而是时快时慢;在振动最激烈的时候,把闭合金属铝环置于振子下方不动,可观察到振子振动迅速减慢并最终停止。

改用塑料环或不闭合的铝环套,重复上述实验,可观察到振子纹丝不动;手拉一下振子使其振动起来,将塑料环或不闭合的铝环置于振子下方不动,发现不影响振子的振动。

▋ 现象解密

振子事实上是一块具有强磁性的磁铁,当置于闭合金属铝环中,有磁力线穿过闭合铝环,当两者有相对运动时,会引起闭合铝环中磁通量的变化,在闭合铝环中产生感应电流,这种现象称为电磁感应。

根据楞次定律,感应电流激发的磁场总是阻碍穿过环中磁通量的变化。当置于振子下方的闭合金属铝环向上运动时,穿过铝环的磁通量增加,产生的感应电流所激发的磁场阻碍磁通量的增加,同振子的磁场排斥,振子向上运动。相反,当金属环向下运动时,穿过铝环的磁通量减小,产生的感应电流所激发的磁场阻碍磁通量减少,吸引振子向下运动。振子上下运动是周期性的,故称其为电磁弹簧振子。

电磁弹簧振子的固有频率同磁铁的质量及弹簧的劲度系数有关,当闭合铝环上下移动的频率同电磁弹簧振子的固有频率相等时,振幅具有最大值。

用塑料环代替铝环,因为塑料是绝缘体不能导电,上下移动时虽有磁通量的变化,但不会产生感应电流,与振子之间没有相互作用;而不闭合的铝环,上下移动时会产生感应电动势,但没有感应电流。

▋ 应用拓展

本实验中,借助感应电流驱使电磁弹簧振子周期性振动,是非接触式的,与磁悬浮列车的驱动和异步电机的工作原理相同。这一原理在我们生活、生产或军事等领域中有着非常广泛的应用,请举例说明应用非接触式电磁驱动的其他例子。

▋ 思考题

1. 为什么闭合金属环可使强磁铁振动起来呢?
2. 金属环运动的快慢与弹簧振子的运动有什么关系?
3. 弹簧振子的运动有哪些条件和要求?

磁液爬坡

Magnetic Fluid Climbing Stairs

俗话说："人往高处走，水往低处流。"前半句"人往高处走"表示人的本性是向上的，向往美好，追求圆满。后半句"水往低处流"是一种自然客观规律，在重力的作用下，水会自然往下流。可本实验中的液体在外磁场的作用下，却从玻璃管的底部爬到高处，形成了液体往高处流的壮观景象。

■ 实验装置

如图1所示，磁液爬坡实验演示仪一套。A为玻璃管，用于盛装磁性液体B，C为线圈，共7组，D为控制开关，共7个，分别控制7组线圈的通电。

图1 磁液爬坡演示仪

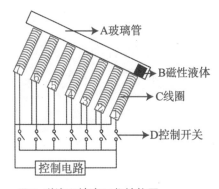

图2 磁液爬坡演示仪结构图

■ 现象观察

打开玻璃管上盖，将磁液瓶中的磁性液体缓慢倒入玻璃管中，再将上盖封好。然后打开电源开关，在控制面板上顺序按下"1，2，3，4，5，6，7"按钮，可见到对应按钮指示灯亮，并可观察到玻璃管内的磁性液体自动上爬，到达顶端后，自动返回底部。

现象解密

磁性液体是一种新型的纳米材料,它是由纳米基磁粉和基液合成的,具有顺磁性。当按下按钮"1"后,对应的线圈"1"通电,产生很强的磁场,磁性液体在磁场的吸引力作用下向上运动。当按下按钮"2",线圈"2"通电,而线圈"1"断电,线圈"2"产生的磁场继续把磁性液体吸引到高处。线圈"1~7"依次通电,吸引磁性液体向高处运动。当第7个线圈断电后,磁性液体在惯性的作用下仍能向上运动,到达玻璃管的顶端,形成液体往高处流动的壮观景象,最后在重力作用下返回底部。

应用拓展

含纳米颗粒的球形空心材料在药物和染料的控释及缓释、生物活性分子的保护、催化以及废水处理等领域具有潜在的应用价值,其工作原理与磁液爬坡相同。例如把药物装在磁性空心球内,注入患者体内后,在外磁场的作用下,将磁性空心球引向病灶部位,使药物直接作用于病灶以提高治疗效率和效果。

思考题

1. 什么是物质的磁性和顺磁性?
2. 在实验中,如果只按下"1~7"中的一个按钮,磁性液体将作如何运动?

电磁阻尼摆
Electromagnetic Damping Pendulum

单摆所受的阻力越小,摆动后摆动的时间就越长。很多机械仪表中,读数指针所受的阻力很小,测量时通常会在应指的位置左右摆动,这不便于读数。下面的电磁阻尼可使指针很快地稳定在应指的位置上。

导体在磁场中运动时,感应电流使导体受到安培力的作用,它总是阻碍导体的相对运动,这种现象称为电磁阻尼。用铝片做成的扇形摆片在磁场中摆动时,会在铝片上产生涡流,这时铝片所受的力会阻碍它运动,使得摆片迅速停止摆动,因此称其为电磁阻尼摆。

▉ 实验装置

实验装置如图1所示,包括直流稳压电源、电磁阻尼摆演示仪等。

图1 电磁阻尼摆实物图

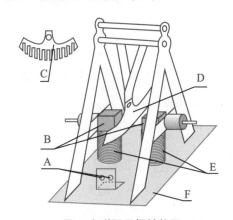

图2 电磁阻尼摆结构图

图2是电磁阻尼摆演示仪的结构图,A为直流电源接线柱;B为矩形磁轭,当线圈中通有直流电源时,可在磁轭两极间产生很强的磁场;C为非阻尼摆,即开有隔槽的铝片,形同梳子;D为阻尼摆(扇形铝片);E为电磁线圈;F为底座。

▉ 现象观察

1. 线圈不通电时两摆片的运动对比

把阻尼摆和非阻尼摆分别连在摆杆上,使其在两磁轭间自由摆动,可观察到两

摆摆动衰减很慢,且两摆的衰减速度基本相同。

2. 线圈通电时两摆片的运动对比

给线圈通电后,再使两摆分别摆动,发现阻尼摆摆动迅速衰减并停止运动,而非阻尼摆的衰减要慢得多,对比效果极为明显。

■ 现象解密

在磁场中运动的导体,其内部将产生感应电流,这种电流在导体内自成闭合回路,很像水的旋涡,因此称为涡电流。在线圈不通电的情况下,两摆仅受重力和杆的拉力的作用,受力情况相似,运动情况基本相同。

在线圈通电的情况下,磁轭两极间将产生磁场。阻尼摆在磁场中摆动时,其运动过程可分为三个阶段,当阻尼摆进入磁场时,通过阻尼摆的磁通量增加,从而在阻尼摆上产生涡电流,根据楞次定律,涡电流激发的磁场同磁轭两极间的磁场方向相反,阻止阻尼摆进入磁场;当阻尼摆进入磁场后,通过阻尼摆的磁通量保持不变,没有涡电流产生;当阻尼摆离开磁场后,通过它的磁通量减少,在阻尼摆上也会产生涡电流,据楞次定律,涡电流激发的磁场同磁轭两极间的磁场方向相同,阻碍阻尼摆离开磁场。因此,阻尼摆在这种阻尼力的作用下,很快停下来,这种阻尼起源于电磁感应,因此称为电磁阻尼。

对于开有隔槽的非阻尼摆,当它进入或离开磁场时,磁通量的变化仅作用于一小部分铝片,产生的涡电流很小,对摆的阻碍作用不明显。相对于阻尼摆,非阻尼摆可以摆动很长时间。

■ 应用拓展

电磁阻尼摆现象广泛应用于需要稳定摩擦力以及制动力的场合,如使用电学测量仪表时,为了便于读数,希望指针能迅速稳定在应指的位置上而不左右摇摆。为此,一般电学测量仪表都装有阻尼器。它就是用电磁阻尼的原理来起到阻尼作用的。电磁阻尼作用还常用于电气机车的电磁制动器中,甚至磁悬浮列车等。

有些电机的转子在转动过程中会产生共振而破坏系统的稳定性,你能否利用电磁阻尼的原理有效地抑制共振振幅?

■ 思考题

1. 线圈通电后,运动中的阻尼摆能迅速停止摆动,线圈是否能长时间通电?为什么?

2. 开有隔槽的非阻尼摆为什么在磁场中能长时间摆动?

智能红绿灯
Traffic Lights

红绿灯对维持城市交通秩序至关重要,图1就是湖南长沙某处红绿灯发生故障时路口交通混乱的场景。目前在城市十字路口普遍使用的红绿灯除了传统的功能外,还具备智能交通违章摄像技术,能够自动启动记录司机闯红灯的违章行为。

实验装置

智能红绿灯模拟实验仪一套,如图2所示。

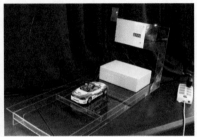

图1 信号灯故障引起路口瘫痪　　　　图2 智能红绿灯模拟实验仪

现象观察

开启智能红绿灯模拟实验仪的电源开关,使红绿灯处于工作状态,白光灯模拟摄像机。启动遥控玩具汽车,当其在绿灯时通过路口,白光灯不工作;当信号灯为红灯时,一旦玩具汽车越过路口白线位置,白光灯将闪烁,表示摄像机开启。

现象解密

当汽车驶过道路上的特定区域时,感应环路中的电流会发生变化,从而检测到汽车的存在。如果汽车行驶方向是红灯,司机违章驶过停车线,感应环路中的触发器将被触发,同时微机启动摄像机工作。如果汽车行驶方向是绿灯,摄像机不工作。地下的感应环路如图3所示。

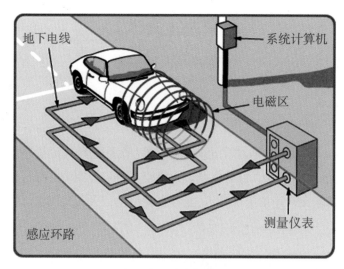

图3 智能交通违章摄像原理图

应用拓展

目前把各种传感器和微机联用来智能控制各种过程已经很普遍。随着科学技术的发展,在我们的生产和生活中会越来越多地应用这些智能技术。智能交通违章摄像技术只是其中的一个应用实例。

思考题

1. 汽车感应检测应用的是什么原理?

2. 请在原理上设计一款智能交通信号灯,它可以根据汽车流量自动控制红绿灯亮灯时间的长短。

电磁波的传播和接收
Electromagnetic Wave Propagation

电磁波给人类生活带来了日新月异的变化。电磁波又称电磁辐射，与我们时刻相伴相随。我们生活在一个充满各种各样电磁波的自然环境中。电磁波是由同相振荡且互相垂直的电场与磁场在空间中以波的形式进行的能量传播，按频率可分为无线电波、微波、红外线、可见光、紫外线、X射线和伽马射线等。

■ 实验装置

如图1所示，电磁波发射接收演示仪一套，包括发射机、半波振子接收天线、环形接收天线、趋肤效应演示仪等。

图1 电磁波发射接收演示仪

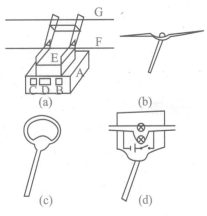

图2 电磁波发射接收演示仪结构图

电磁波发射机如图2(a)所示，其中发射电源A可输出600V直流和6.3V交流，B为高压开关，C为电源开关，D为交流电压表。发射管E为中功率电子管，发射天线F是一条长为74cm的直铜管，可与振荡回路直接耦合，发射波长约为150cm。放置在发射机尾部的是反射天线G，是一根长约78cm的直铜管。图2(b)是半波振子接收天线，由两根拉杆天线组成，中间装有6.3V的小电珠，调节其长度可改变它的固有频率。图2(c)是环形接收天线，装有6.3V小电珠和微调电容器。图2(d)是趋肤效应演示仪，由两根粗铜棒组成，两个小电珠分别连在铜棒表层和铜芯处。

■ 现象观察

1. 电磁波的发射与接收

关闭电磁波发射机的高压开关,接通电源,对发射管进行预热。将半波振子接收天线移到正对发射天线50cm左右处,并使接收天线与发射天线平行。接通高压开关,可观察到接收天线上的小电珠发亮。将接收天线拉长或缩短,发现接收天线上的小电珠或明或暗,甚至熄灭,只有当接收天线为某一长度时,小电珠最亮。

保持半波振子接收天线与发射天线距离不变,接收天线长度为共振时长度(即上述小电珠最亮时的长度),将半波振子接收天线绕接收天线轴心逐步转动,直至一圈。转动过程中,可观察到只有当接收天线与发射天线平行时,小电珠最亮。

打开高压开关,手持环形接收天线到离发射天线20cm左右处,使其水平,用绝缘起子调整环形接收天线的微调电容器,使环形天线上的小电珠达到最亮。把环形天线沿发射天线从一端移向另一端,发现中央最亮,而两端不亮。

2. 趋肤效应演示

打开趋肤效应演示仪,接通直流电路,可见两个小电珠同时亮且亮度相同。关闭趋肤效应演示仪,打开电磁波发射机高压开关,并把该演示仪平行放在距离发射天线约50cm处,可发现两端与铜棒外层连接的小电珠发亮,而两端与铜芯处连接的小电珠不亮。

■ 现象解密

据麦克斯韦电磁场理论,若在空间某区域有变化的电场,在邻近区域将产生变化的磁场,这变化的磁场又在较远的区域产生新的变化的电场,并在更远的区域产生新的变化的磁场,这种变化的电场和磁场不断交替产生,由近及远地在空间传播,便形成了电磁波。电磁波的电场方向、磁场方向和传播方向两两垂直。

当接收天线的固有频率与电磁波的频率相同时,可以最大限度地接收电磁波信号,这种现象叫电谐振,相当于机械振动中的共振。实验中,改变半波振子接收天线的长度,就改变了接收天线的固有频率,使接收的电磁波能量发生变化,从而出现小灯泡明暗的变化。接收到的电磁波能量除与固有频率有关外,还与电场和磁场的方向有关。因此,当保持半波振子接收天线长度为共振时的长度,将接收天线绕轴心转动,可以观察到只有当接收天线与发射天线平行时,小电珠最亮。

直流电路中,导体横截面上的电流密度是均匀的,但交流电通过导体时,横截面上各处的电流密度不一样,且随着频率的增加,电流分布越来越趋向于导体表面,这种现象称为趋肤效应。当趋肤效应演示仪接通直流电路时,没有趋肤效应,连接在导体表面和中心处的两个小灯泡是一样亮的。通以高频交流电,由于趋肤效应,电流主要集中在表面,所以两端与铜棒外层连接的小灯泡要亮很多。

应用拓展

电磁波的应用十分广泛,如无线电通信、微波加热、红外遥控、热成像仪、红外制导导弹等。你能自行设计实验来分析电磁波的性质吗?

思考题

1. 电磁波如何实现发射和接收?
2. 高频天线为什么常是空心的?
3. 天线在接收信号时需要调整方向吗? 为什么?

测电磁辐射

Measurement of Electromagnetic Radiation

随着科学技术的发展,电子设备及电气装置越来越广泛地应用于工业、通信、医疗、科研、广播等众多领域,使人类的生活及生产方式发生了空前的变化。然而,这些设备与装置在给人们生活带来便利的同时,也带来了许多危害,如电磁辐射就是其中之一。电磁波的存在及电磁波强度能否可以利用简单的仪器来判断? 在这里我们演示:如何应用收音机进行检测电磁辐射。

■ 实验装置

多波段的收音机(有AM与FM频段)如图1所示;计算机(联想台式机与液晶显示器)如图2所示;光盘。

图1 多波段的收音机(有AM与FM频段)　　图2 计算机(台式机与液晶显示器)

■ 现象观察

将计算机连接好。收音机打开,选择AM(调幅)档,把频道调到没有电台声音的地方,此时我们听到轻微的静电噪音。根据下列步骤进行操作:①启动计算机,倾听收音机静电噪音发生的变化。②把收音机慢慢地靠近正常运行着的计算机,当静电噪音发生变化时,记录下收音机与计算机之间的距离。③向计算机插入一张光盘,倾听收音机静电噪音发生的变化。④将主机关掉,并把显示器打开,倾听收音机静电噪音发生的变化。⑤改变AM频道,再重复上述①至④,观察是否有变化。⑥收音机调到FM(调频)波段,再重复上述①至④,观察是否有变化。

我们观察到的现象:

①收音机与计算机主机的距离不同,发出的静电噪声大小不同。在AM波段,收音机逐渐靠近运行着的计算机至1m左右,收音机发出的噪音开始变大,距离越近噪声越响,至0.5m左右时,变化更加明显。②收音机放在主机的不同方位,发出的噪声大小也不同。主机的背后最响,其次是前面,两边噪声相对较小。由此可以简单判断计算机不同位置的电磁辐射大小。③改变AM频率分别为60×10kHz、100×10kHz和160×10kHz,计算机对收音机噪声的影响基本相同。④选择FM波段为100MHz与107MHz,计算机对收音机发出噪声的影响不大。

▌现象解密

根据麦克斯韦方程组,电路中只要有电流的变化就会产生电磁波,任何变化的电磁场都会向四周空间辐射电磁信号。计算机是靠高频脉冲电路工作的,由于电磁场的变化,必然要向外辐射电磁波。计算机本身就是一个电磁辐射源,微处理器、主板、显卡、声卡、内存、硬盘、光驱、显示器、USB接口等主要部件在工作时都载有变化电磁信号,它们都会向外界辐射电磁能量。主机和显示器是计算机的主要电磁波辐射源:主机内的部件,如高频率的CPU、显卡上的GPU、主板上的电子元件、芯片、散热风扇以及电源构成主机辐射源;显示器及其周边电路构成显示器辐射源。

一般来说,收音机发出噪声的原因有:①发射台在信号调制过程中掺入了其他信号,因而声源本身就有干扰源;②在信号传输的过程中受到干扰,如闪电等产生的电磁波、其他电台信号或者遇到了高压电线等,这些干扰信号被收音机接收,从而产生噪声;③收音机在解调过程中受到干扰产生噪声等。

收音机靠近计算机产生噪声主要有两个方面的原因:一是计算机发射的电磁波频率与收音机所选定的波段频率一致或相近时,计算机产生的电磁波也成了收音机接收的信号源,经过解调之后产生声音,由于计算机产生的电磁波没有规律,因而人们听到的声音是噪声;二是计算机所发射的电磁波频率与收音机接收频率不一致,虽然这部分电磁波不通过调解而发出声音,但是这些变化的电磁波会对收音机的发声电路产生影响,如通过互感现象等在扬声器中发出噪声。

通过对上述实验现象的分析,我们得到以下结论:①计算机主机会发射电磁波,由收音机AM波段产生的噪声比FM波段大,可以推测计算机主机发射的电磁

波波段更多集中在在550~1605kHz之间,即主机内的电子元件发出的是低频电磁波;②计算机对FM调频88~108MHz波段也有干扰,它主要是由于电磁波对收音机的发声电路产生电磁感应而形成的;③计算机发射的电磁波随着距离的增大而变小,所以计算机操作人员最好离开计算机0.5m以上;(4)在AM调幅与FM调频信号中,调频信号具有更强的抗噪声和干扰能力。

应用拓展

收音机能检测出微波炉辐射泄漏吗?

最近有一些媒体报道,可以利用600kHz收音机检测微波炉的电磁辐射泄漏。如果在距离微波炉门0.5m处,收音机还能收到噪音干扰,就说明有微波泄露,需专业人员修理。但是也有人认为收音机不能检测到泄漏的电磁波,因为微波炉的工作频率是2450MHz,微波泄露频率也是2450MHz,而收音机的接收频段是550~1605kHz(AM)和88~108MHz(FM),不可能接收到微波泄露。你认为这两种说法哪个正确吗?

思考题

1. 电磁辐射对人体有哪些危害?

电磁辐射危害人体的机理主要是热效应、非热效应和累积效应等。热效应:人体内70%以上是水,水分子受到电磁波辐射后相互摩擦,引起机体升温,从而影响身体各器官的正常工作。非热效应:人体的器官和组织都存在微弱的电磁场,它们是稳定而有序的,一旦受到外界电磁波的干扰,处于平衡状态的微弱电磁场即遭到破坏,人体的正常机能就会遭受破坏。累积效应:人体受到电磁波的热效应和非热效应作用而受到伤害后,在尚未来得及自我修复之前,若再次受到电磁波辐射,人体受到的伤害程度就会累积,久而久之便成为不可逆转的永久性伤害甚至危及生命。因此,对于长期接触电磁波辐射的群体,即使电磁波功率很小、频率很低,也会诱发意想不到的病变,应引起警惕。

2. 如何防护电磁波辐射?

防护主要采取三种方式:一是屏蔽辐射源,利用屏蔽材料对辐射源发出的电磁波进行吸收与反射,大部分传递到屏蔽体上的电磁波被吸收,少部分被反射回屏蔽体内部,进入屏蔽体内的电磁波又有部分被吸收,由此透过屏蔽体的电磁场强度会大幅度衰减,使电磁泄漏降到最低;二是禁止电磁辐射泄露超标项目的实施;三是进行有效的个体防护。

光学部分
Part 03:Optics | 03

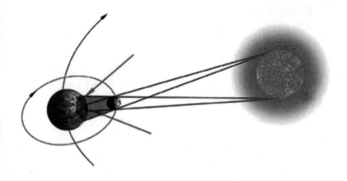

光速的测量
Speed of Light

　　光速是一个重要而基本的物理常数,无论在经典物理还是现代物理中,许多物理量都与它有着直接或间接的关系,如光谱学中的里德堡常数、电磁学中的真空电导率和真空磁导率等等。光速的精确测定在光学甚至整个物理学发展史中都有非比寻常的意义。

■ 实验装置

　　光速测量仪一台。它有光学电路箱、导轨、反射镜滑车、刻度尺和双踪器等五部分组成,如图1所示。

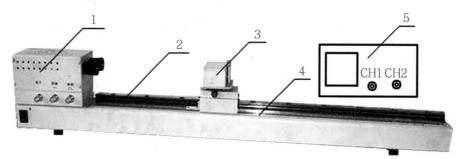

1. 光学电路箱　2. 导轨　3. 反射镜滑车　4. 刻度尺　5. 双踪示波器

图1 FB801型光速测量仪

■ 现象观察

　　通过调整反射镜滑车,我们可以从示波器上观察到基准信号和被测信号的位相差改变,如图2所示。

图2 基准信号和被测信号的位相差改变

■ 现象解密

实验工作原理如图3所示,由主控振荡器产生的100MHz调制信号经高频放大器放大后,一路用以驱动光源调制器,使光学发射系统发射经调制的光波信号,另一路与本机振荡器产生的99.545MHz本振信号经混频器1混频,得到频率为455kHz的差频基准信号 y_1 。调制光波信号在其传播方向上经反射器(该反射器可在刻有标尺的导轨上移动)反射,被光学接收系统接收。经光电转换和放大后,与本振信号经混频器2混频,同样得到频率为455kHz的差频被测信号 y_2 。将基准信号 y_1 和被测信号 y_2 输入相位差仪。当反射器移动 Δx ,则被测信号的光程改

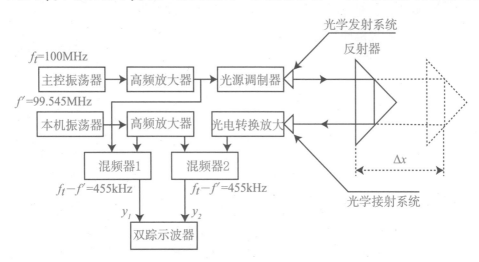

图3 FB801型光速测量仪工作原理图

变 $2\Delta x$,基准信号和被测信号的位相差改变：

$$\Delta\phi = \frac{2\pi}{\lambda_t} \cdot 2\Delta x \qquad ①$$

本实验用双踪示波器作为相位差仪,当反射器移动 Δx 距离时, 在示波器上可观察到被测信号波形的移动。读出 Δx 所对应的时间 Δt ,就可求得 Δx 引起的基准信号和被测信号的位相改变：

$$\Delta\phi = \frac{\Delta t}{T} \cdot 2\pi \qquad ②$$

其中 T 为被测信号周期($T = 1/455\text{kHz}$),也可在示波器上读出。因此联立①②两式,可得调制波波长为

$$\lambda_t = \frac{T}{\Delta t} \cdot 2\Delta x \qquad ③$$

由此可求得光速。

$$c = \frac{2\Delta x}{\Delta t} = f_t \cdot \lambda_t \qquad ④$$

应用拓展

本实验方法亦可用于测量距离,不论在军用还是民用领域,激光测距仪已经得到了广泛的应用。

思考题

1. 光源为什么要被调制？
2. 调制的物理机理是什么？

黑板光学
Blackboard Optics

　　几何光学是以光线为基础、研究光的传播和成像规律的一个重要的实用性分支学科。在几何光学中，把组成物体的物点看作几何点，把它所发出的光束看作无数几何光线的集合，光线的方向代表光能的传播方向。在此假设下，根据光线的传播规律，在研究物体被透镜或其他光学元件成像的过程，以及设计光学仪器的光学系统等方面都显得十分方便和实用。

　　我们将介绍一种被称之为黑板光学的演示实验系统，它可以方便地演示几十种几何光学实验现象，是课堂教学的好帮手。

　　常用的反射镜有平面镜、凸面镜、凹面镜等，曲面透镜主要有双球面凸透镜、单球面凸透镜、双球面凹透镜、单球面凹透镜等。它们看似简单，用途却极其广泛。特别是它们的组合，可以组成多种光学系统。

■ 实验装置

　　1. 光源，该光源能产生5束平行光束，光源外盒的一个面上装有强磁性磁钢，可稳定把光源盒吸附在金属面黑板上。

　　2. 凹面镜，该凹面镜镀有反射膜，它装在带有磁钢的支架上，能吸附在金属面黑板上。

　　3. 凸面透镜，它同样装在带有磁钢的支架上，也能很方便地吸附在金属面黑板上。

■ 现象观察

　　1. 光源盒吸附在黑板上，光束出射方向上吸附装有凹面镜的支架，如图1所示。接好光源的电源，稍做调整。仔细观察入射光线和反射光线，可以看到：尽管入射凹面镜的光线是平行光，但反射光并不交于一点——近轴光线交于近点，旁轴光线交于远点，可见点物成点像的理想成像条件被破坏。

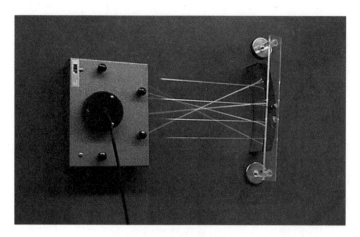

图 1 光源与凹面镜演示图

2. 把凹面镜支架换成凸面透镜支架,如图 2 所示。接好光源的电源,稍做调整。仔细观察入射光线和透射光线,可以看到:入射到凸面透镜的光线是平行光,透射光基本可认为交于一点,该点就是凸面透镜的焦点。凸面透镜的折射光成像时,点物成点像的理想成像条件虽同样被破坏,但它在满足近轴条件的情形下,仍可较好地成像。

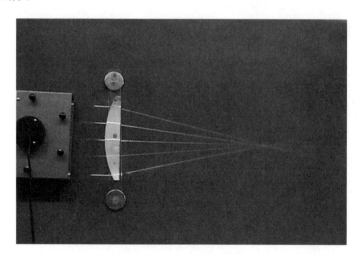

图 2 光源与凸面透镜演示图

■ 现象解密

反射光成像不论是实像或虚像,能理想成像的只有平面镜,即所谓的点物成点像。凹面镜虽然也同样遵守反射定律,但由于是球面反射,法线都通过圆心,对于离轴距离不等的平行光线,入射角都不相同,因此反射光就不可能交于一点。

透镜成像则遵守折射定律,理想成像条件已经被破坏。事实上,如果我们把图2中的单球面平凸透镜旋转180°,即平面面向入射的平行光,则成像质量大为降低:近轴光线交于远点,旁轴光线交于近点,这种现象被称为球面像差。球面像差是5种单色像差之一,顾名思义,是由于透镜的表面是球面引起的。在光学仪器制造过程中,球面像差是必须要消除的。

应用拓展

黑板光学实验系统可演示多种光学实验,设备简单,操作方便,演示效果十分明显。图3给出部分演示用光学器件,这些实验可应用于高中物理课堂教学等。图4给出了部分实验照片。

图3 实验中其他几种常见的透镜等

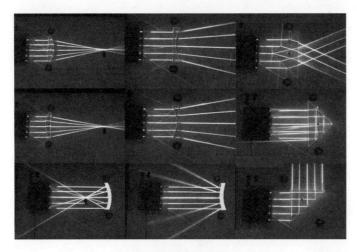

图4 部分实验照片

思考题

1. 焦点与像点是不是同一类型的点？

2. 一块透镜通常存在哪些缺点？

3. 为什么只用一块透镜不能作为照相机的镜头？

4. 测量一块单凸透镜的焦距,误差大概在什么范围？

激光监听仪
Laser Monitoring Device

　　监听在战争中被称为窃听。早在2000年前,中国就发明了窃听器。1876年贝尔发明有线电话以后,为了得知敌方相互之间的联络内容,把电线接在敌人的通话线路上成为窃听的常用方法。如今,微型无线话筒是公安人员破案的好帮手,公安人员把微型无线话筒隐藏在犯罪嫌疑人经常出没的地方,监听他们的谈话内容,掌握破案的线索和犯罪证据。窃听要求相当隐蔽,不易被发现,所以需要有各种巧妙的方法和技术。本实验介绍一种新型的激光监听仪。

■ 实验装置

　　图1为LCM－1型激光监听演示仪,包括:①机箱,模拟被监听的房间;②收音机,产生声音信号,模拟被监听方;③激光器,探测声音信号;④硅光电池,将激光信号转化为电信号;⑤监听接收机,接收硅光电池输出的电信号,将其处理、放大后,通过扬声器输出声音。

图1 LCM-1型激光监听演示仪

现象观察

给激光器接上电源,激光器发出可见激光。调节激光器的高度和方向,使激光束照射在被监听机箱上,并要求激光通过机箱壁反射后,刚好能照到硅光电池上。

被监听机箱距离硅光电池和监听接收机30m以上。让甲同学站在被监听机箱附近讲话,而站在接收机旁的乙同学听不清他的说话内容。打开接收机,则扬声器里传出甲同学的说话声。

把收音机接在被监听机箱上,代替甲同学发出声音,扬声器里可传出收音机播放的内容。

现象解密

激光由于其产生机制,具有很好的方向性,光能量在空间的分布非常集中。如图2所示,当激光照射在被监听机箱壁的玻璃面上时,产生反射,反射光线的方向取决于玻璃面的形状。

当被监听机箱周围有声音发出时,声波的能量传到机箱壁,引起机箱壁玻璃面振动,反射光的方向随之改变。反射光照射到硅光电池上,硅光电池把变化的光信号转化为相应的电信号输入接收机,经过接收机的放大、降噪等处理后,最终由扬声器把电信号还原为相应的声音信号。

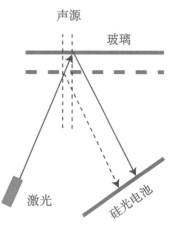

图2 激光监听原理图

应用拓展

激光窃听的最大优点是不需要在被窃听的房间里安装窃听装置,这就跳过了窃听过程的一大难关——安装窃听器,同时也避免了因窃听器被查获而被抓住把柄的危险。但目前这项技术还存在一定的缺陷,如发射的激光容易让人发现、各种环境的干扰等等,对此你有什么好的建议?

思考题

1. 实验过程中,扬声器杂音较大,可采取什么措施减少杂音?

2. 激光有哪些特点?为了保证实验人员的安全,在实验过程中需要对激光进行防护吗?

3. 请读者查找资料或思考,还可以利用哪些物理技术来进行窃听?

彩色的阴影
Colorful Shadow

日常生活中的阴影一般是黑色的,你看见过彩色阴影吗? 本实验演示通过加色混合与减色混合使阴影成为彩色。

实验装置

两台相同的投影机;红色、绿色过滤片;白色投影屏幕或白墙;挡光纸板等。

现象观察

两台相同的投影机都对着白色屏幕投影,左边投影机盖绿色滤光片,右边投影机盖红色滤光片。当伸手或将其他不透明物体置于投影机前面,可以观察到:若手挡住红色光时,经过绿色滤光片的光使手的阴影为绿色,如图1所示;若手挡住绿色光时,经过红色滤光片的光使手的阴影为红色。改变手或不透明阻挡物离屏幕的距离还可观察到黑色阴影,以及阴影大小的变化。

图1 彩色阴影

现象解密

通常情况下,人能观察到物体有三种原因。

第一是有光源,当光源发出的光直接照到人眼里时,人就观察到光源的颜色。可见光按频率或波长排列形成光谱,典型的光谱如图2所示:长波端是红光,随着波长的减小依次为橙、黄、绿、青、蓝和紫光。这种直接照到人眼中的光的颜色由发光体本身的性质决定的,如光源是红色,则人观察到的就是红色。

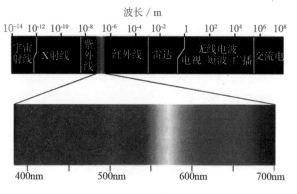

图2 光谱的颜色

第二种情况,虽然物体本身不发光,但是物体可将照射到其表面的光反射到眼睛,使人看到该物体。由于不同物体对光的吸收与反射能力不同,所以反射光的颜色不一定就是光源的颜色,而是由反射光和光源共同决定的,如图3所示。

第三种情况是光穿过透明物体后照射到人眼里,人观察到的是经过透射物的光线。因为不同物体吸收光的能力不同,而且不同频率的光穿透能力也不同,所以光线穿过后的颜色也可能与光源颜色不同。

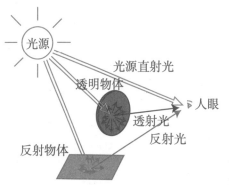

图3 经反射或透射后光源的颜色

阴影的形成既受光源影响,也受反射物或者透射物的影响。如果单一光源照射到不透明物体上,没有或是很少有光能透过它而照射到人的眼睛里,因此人所观察到该物体的阴影是黑色的。

若是有多个不同颜色的光源,人所观察到的物体阴影的颜色则由多色光源叠加而成。两种或两种以上的色光混合时,会同时或在极短的时间内连续刺激人的视觉器官,使人产生一种新的色彩感觉,我们称之为色光加色法,如图4,红、绿、蓝三原色光混合得到新的颜色。

只有透过绿色滤光片的光照到屏幕上时,仅能观察到绿色光;只有透过红色滤光片的光照到屏幕上时,仅能观察到红色光。当绿光与红光同时照射屏幕时,则观察到黄光。如果用手或不透明物体挡住部分红光与绿光时,不同区域形成的阴影颜色是不同的。如图5,S_r 区域为红色阴影,

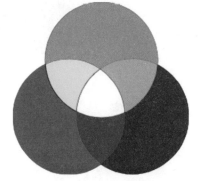

图4 三原色光混合得到的颜色

S_g 区域为绿色阴影。这是因为 S_r 区域只有红光照射到，S_g 区域只有绿光照到。

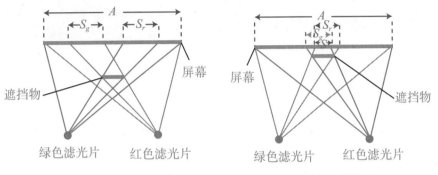

图5 不同区域不同阴影颜色　　　　图6 三种颜色的阴影

在图6中，可以观察到三种颜色的阴影：红色光阴影区、绿色光阴影区、黑色阴影区。红色、绿色光阴影区与图5中的形成原因相同，黑色阴影区则是由于两种色光都没有照射到屏幕上该区域而形成的。

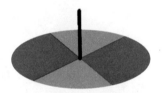

图7 彩色转盘转动的颜色

◼ 应用拓展

如图7所示的彩色转盘。在转盘上以1:1的比例间隔均匀地涂上红、绿两种颜色，快速转动转盘，问看到的是什么颜色？

我们可以观察到的已不再是红、绿两种颜色，而是黄色，因为当转盘快速转动时，由于视觉暂留，进入人眼的红色、绿色反射光混合为黄色光。

◼ 思考题

1. 在图5与图6中彩色阴影的大小与哪些因素有关？请说明理由。

2. 图7彩色转盘没有旋转时，红光与绿光有各自不同的频率；当彩色转盘旋转时观察到黄光，请问这个黄光与波长589nm的黄光是同一种光吗？两者的频率是否相同？

X射线
X-Ray

你接受过X光透视或拍过X光片吗？答案基本是肯定的。有时不小心摔一跤，应医生要求也会去拍X光片确定有没有骨折。在常规体检中也会照射胸部。在机场的安全检查中你也会被"透视"。本次实验我们就来了解一下这种被命名为"未知"(X)的射线。

■ 实验装置

X射线演示仪器，如图1所示，主要由热阴极X射线管、高压电源和防护机箱组成。X射线管由阴极、管壳、排气管、引出线和阳极棒组成。高压电源加在热阴极X射线管上产生X射线。防护机箱用1.5mm厚的钢板制成，机箱上装有演示物品取放门和铅玻璃观察窗。

图1 X射线演示仪

■ 现象观察

打开取放门，把演示物品置于载物玻璃上，关闭取放门，并确保关好。打开电源开关，预热5分钟。然后按下高压启动开关，调节高压旋钮，逐渐增加高压，铅玻璃观察窗中将出现演示物品的影子，并慢慢地清晰起来。

■ 现象解密

X射线是德国科学家伦琴在1895年做阴极射线实验时发现的。他看到放在放电管前面的亚铂氰化钡制成的荧光屏会闪光，并且在放电管和荧光屏之间插入不同的物体，有的物体可以阻挡射线不让荧光屏发光，有的却挡不住。伦琴把这种以前从未观察到的未知射线称为X射线，X射线有很强的穿透力，它可以穿透人的皮肤、肌肉等软组织，但会被骨骼和金属等物体阻挡。图2(b)是世界上第一张X射线照片,伦琴夫人无名指上的结婚戒指清晰可见。X射线在发现后迅速被应用于临床诊断,后又在科学各领域以及生活中发挥了重要的作用,伦琴也因此杰出的贡献于1901年获第一届诺贝尔物理学奖。人们为了纪念他,把X射线又称为伦琴射线。

 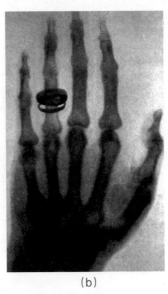

(a)　　　　　　　　　　　(b)

图2 伦琴和他的第一张X射线照片

(a)伦琴像;(b)伦琴夫人手的X射线照片,无名指上的黑色圆形物体为戒指

现在我们知道,X射线是一种波长较短的电磁波,其产生原理如图3所示。阴极灯丝加热后逸出电子,这些热电子在外加高压的作用下不断加速,以极高的速度轰击靶材,靶材原子的内层电子被激发,而激发态不稳定,会向稳定态跃迁,跃迁时产生X射线。因为轰击过程中会不断产生热量,所以在阴极部分需要接入循环水给靶材降温。

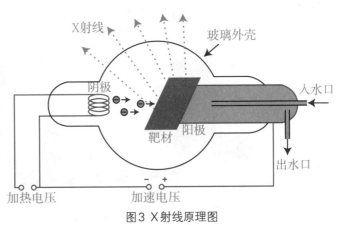

图3 X射线原理图

■ 应用拓展

    X射线已广泛应用于医学诊疗、工程探伤、安全检查和科学研究等许多领域。在医学上,X射线常被用来探测骨骼、牙齿的状况,利用计算机层析X射线照相法(简称CT),还可以得到人的脑部、胸部和腹部等组织器官的三维X光像,为医生的诊断提供帮助。图4是一个病人在接受CT扫描检查。

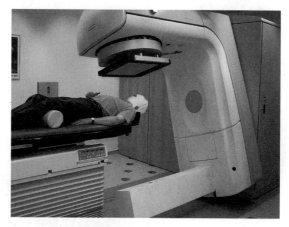

图4 CT扫描仪

    X射线也被用来无损探伤或者安全检测,对一些不受辐射影响的物体,可以让X射线穿透待检测物体,以查看其内部是否有气孔、夹渣、缩孔和疏松等缺陷,也能探测到乘客行李里面夹带的危险品。图5是车站、机场等交通场所常用的X射线安检仪。

图5 X射线安检仪

　　X射线目前还普遍应用于科学研究中。用X射线作为入射光源打在测试样品表面,收集得到的带有样品结构和成分信息的电子,就得到X光电子谱(简称XPS)。还有就是X射线衍射,X射线照在单晶或多晶体上时,规则结构的晶体会让X射线产生衍射效应,收集相关信息,就可以判断晶体的结构特征等许多物理性质。图6是一种X射线衍射仪和一张典型的X射线衍射图样。

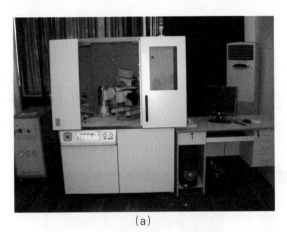

(a)　　　　　　　　　　　　　　　　(b)

图6 (a)X射线衍射仪;(b)X射线衍射图样

思考题

　　1. X射线是如何得到的? 根据它产生的原理,思考一下X射线对人体有哪些影响?

　　2. 除了以上所述,X射线在生活中还有哪些应用?

白光全息
White-light Hologram

　　为了记录和保存重要的场景、美丽的事物，我们将它们拍成照片，不过目前的照片大都是平面的。由于没有立体感，所以不能很好地还原事物的本来面目。那么有没有能够全方位地记录事物、而后又将其立体重现的技术呢？答案是肯定的，就是全息技术，利用它就可以把事物的所有细节真实立体地再现出来，就像《星球大战》、《星战前传》和《阿凡达》等科幻影片（如图1所示）所展现的如梦如幻的影像。

图1　影片中的全息应用。(a)《星球大战》中莱娅公主的全息影像；
(b)《阿凡达》中纳威人的家园树3D影像。

■ 实验装置

　　白光反射全息图（图2）、射灯。

图2　白光反射全息图　　　图3　在白光照射下的全息图像

现象观察

打开射灯,让白光从前上方照在白光反射全息图上。站在画前,可观察到如图3所示的立体画面,你会感觉到画面伸出画框外,但如果用手去触摸,摸到的却是平的镜面。

现象解密

全息技术是利用相干光的干涉和衍射原理来记录和再现物体3D影像的技术。该技术的实现需要两个步骤:首先是利用干涉原理记录物体光波信息的拍摄过程;然后是利用衍射原理再现物体光波信息的过程。其拍摄过程如图4所

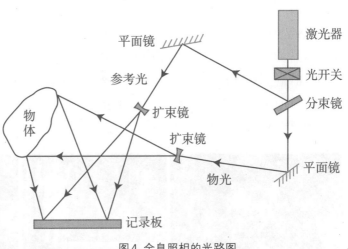

图4 全息照相的光路图

示,把激光器产生的激光通过分束器分为相干的两束,分别作为物光和参考光。两束光经平面镜反射到合适方向,分别经扩束镜扩束后,照在被摄物体上的物光会形成漫射式物光束。物光束同扩束后的参考光在记录板上相遇产生干涉,干涉条纹把物体光波上各点的相位和振幅等信息全部记录下来。记录着干涉信息的底片经过显影、定影处理后,就成为一幅全息图。

如果我们用一束与拍摄时参考光的波长和传播方向都相同的激光照射全息图,就可以逼真地再现原来物体的三维影像。因为布满干涉条纹的全息图会在再现过程中起到复杂光栅的作用,相干激光经过全息图的衍射后,会产生复杂的衍射场,从而具有真实的立体感觉。并且更神奇的是,全息图的每一部分都记录了被摄物体上各点的光信息,因此全息图的每一部分都能再现被摄物体的整个图像。

通过再现过程我们看到,要让全息图像能够再现,要求使用同波长的相干光。那么我们为什么在实验中用白光照射,也能看到全息立体影像呢? 这是因为记录白光全息图的记录板比较特殊,它的感光层厚度远大于干涉条纹的间距,在拍摄过程中,会在厚度方向上记录下被摄物体全部信息的干涉条纹,这样形成的3D干涉

影像称为体全息图。体全息图在包含各种波长的白光照射下,只有波长和干涉条纹间距满足布拉格衍射条件 $2d \cdot \sin\theta = k\lambda$(其中 d 为干涉条纹间距, λ 为入射光波长)的光才能被反射回来成像,其他颜色的光则会透射过去,所以我们在白光下也能观察到全息立体图像。

应用拓展

目前,全息技术已经广泛应用于信息存储、投影光刻、展览展示、军事侦测定位、信息防伪等众多领域,但最令人期盼和向往的是3D全息影像技术。目前美国和日本等国家,已经初步研制出可以实现类似科幻片中的3D全息投影的设备。图5(a)、(b)是全息投影的一些应用,而苹果公司称,会把该技术应用在即将推出的iphone手机中。不久,更加逼真形象的立体全息影视时代必将给我们的生活带来更丰富多彩的感官享受。

(a)三维全息投影　　　　(b)全息立体图像展示　　　(c)iphone的全息投影通讯

图5　三维全息的一些应用

思考题

1. 用蓝色的光照射用红色激光得到的全息图,能看到全息影像吗?
2. 列举生活中全息技术还有哪些应用?

光学幻觉
Optical Mirage

我们也许见过海市蜃楼,那是光线遇到介质的折射率连续改变而产生了光线弯曲。在这里我们介绍另一种有趣的光学现象。

实验装置

两个中央开口的抛物面的凹面镜和一小娃娃,如图1所示。它们面对面地上下放置,在下面的凹面镜的中央放置一物体,如图2所示。

图1 2个抛物面凹面镜和"娃娃"

图2 2个面对面放置的抛物面凹面镜

现象观察

用灯光照亮上方凹面镜开口的顶部。从上方凹面镜开口的顶部往下观察,仿佛有一个与下面凹面镜中央所置物体相同的东西悬浮在顶部空气中,非常逼真,唾手可得。

现象解密

实验所用的两个凹面镜并不是一般的球面凹面镜,而是抛物面凹面镜,我们设两个抛物面的焦距分别是f_1和f_2,且$f_1=f_2$,它们面对面放置的空间间隔满足两抛物面顶点互为彼此的焦点。用灯光照亮底部的物体,物体反射光的出发点正好位于上抛物面的焦点,经上抛物面反射后,必定为平行光,再经过下抛物面的反射,正好汇聚在下抛物面的焦点上,也就是我们所看到的悬浮于空中的"物",为底部物体经抛物面两次反射而成的实像。

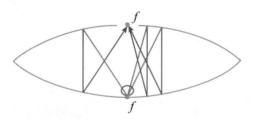

图3 原理示意图

应用拓展

这个实验不仅可以作为物理课的光学演示实验,而且由于它具有一定的观赏性,因此可以作为工艺品摆放在家中,并能用于对孩子的科学启蒙教育。

思考题

用球面形作反射镜来制作上述装置效果会如何?

海市蜃楼
Mirage

炎热的沙漠中,饥渴难耐的旅人常常会看到有着绿树倒影的湛蓝湖面出现在前方,当他奋力向着目标奔去时,却发现绿洲消失了,他会认为是上天在捉弄他。在无风的海面上,有时候会出现如图1所示的景象,在海面上出现一些建筑物,就像是那里存在着另一个世界,过一会儿又神秘地消失。古人往往以崇敬甚至恐惧的态度来看待这些景象,有人以为存在另一个神的国度,它会偶尔展现在人类面前;有人则认为那是一种叫做蜃的蛟龙吐气而成的幻景。随着人们对自然界认识的深入,现在已知道,这些神奇的幻景不过是一些正常的自然现象。本实验将人工再现海市蜃楼奇景,并说明它的具体成因。

（a）山东蓬莱的海市蜃楼　　　　　　　　（b）海上的一种海市蜃楼

图1　一些海市蜃楼的例子

■ 实验装置

海市蜃楼演示仪,如图2(a)所示。图2(b)是其结构示意图,其中 A 是水槽,B 是实景物,C 是激光笔,D 是射灯,E 是装置门,F 是水管入口,G 是观看实景物窗口,H 是观看光在水槽内传播路径的窗口,K 是观看模拟海市蜃楼景观的窗口。

图片2(b)来自:http://www.zqjyzx.jinedu.cn/

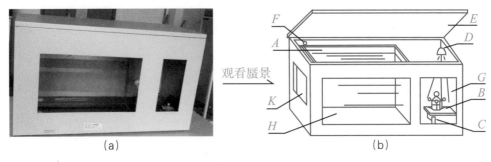

图2 (a)海市蜃楼演示仪;(b)演示仪示意图

现象观察

　　先向水箱内倒入约水槽深度一半的饱和食盐水,然后在液面上覆盖一层保鲜膜,完全盖住下面的饱和食盐水。接着在保鲜膜上面缓缓注入纯净的清水,直到将水槽充满。然后轻轻地把保鲜膜从水槽的一侧缓慢抽出。这时打开水箱后面的照明灯,可以看到饱和食盐水和清水之间明显的界限。将配好的溶液静置24小时,让两种溶液扩散融合,使得交界面出现一定浓度梯度的混合过渡层。这样观察蜃景的溶液就配好了。

图3 激光在有浓度梯度的溶液中的光线发生弯折

图片来自:http://210.60.107.4/physical/physdemo/select/s3-6/s3-6.htm

　　先用激光笔从水槽的侧面窗口 G 照射两种溶液过渡层附近,可以看到激光束在浓度不均匀的溶液中向下方弯曲,如图3所示。打开照明灯,从窗口 K 观察海市蜃楼景观,可以看到实物 B 的像相对于实物的位置明显地升高了,这就是典型的上现蜃景。

现象解密

海市蜃楼根据成像位置的不同,分为上现蜃景和下现蜃景两类,其原理是光线穿过不均匀介质时发生弯曲而产生的一种光学现象。我们知道,当一束光线从一种透明介质到达另一种介质时,光线的传播路线会在界面处发生改变而引起折射现象。同样的,如果透明介质的空间密度不均匀,呈现出一定梯度变化的话,则光线会发生连续的弯曲。

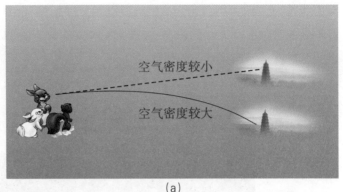

(a)

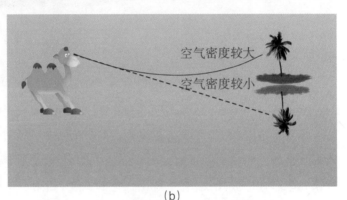

(b)

图4 两种海市蜃楼的形式。(a)上现蜃景;(b)下现蜃景。

夏天,白天海水相对于空气来说,温度较低,海拔低的位置空气密度本来就大,所以海面附近的空气密度要比上空的空气密度大很多,这样空气层就出现了明显的密度梯度。所以光线会出现如图4(a)所示的弯曲,人看过去,就会在其上方看到下方物体的虚像,这就是上现蜃景。在夏天无风的海面上常会出现这种现象。

但在沙漠里,情况跟海面正好相反。沙漠里的砂石在炽热阳光的烘烤下,温度非常高,从而使得接近地面的空气温度也非常高。因为空气是热的不良导体,如果没有风来搅动,则很容易形成地表附近空气很热,密度较低,上空温度较低而密度较大的情况,这样光线就会发生如图4(b)所示的弯曲,蓝天在地面上的映像看上去是湛蓝的湖泊,而树木就像是倒影在湖面上一样。这就是常见于沙漠地区的下现蜃景。

应用拓展

古人赋以神秘意义的海市蜃楼,其实不过是光线在不均匀介质中的折射现象。在生活中,我们也常常见到海市蜃楼的存在。譬如,在炎热的夏天,马路表面温度非常高,而地面上方的空气温度较低。这时我们在汽车内经常会看到前方几百米处的马路上有大片的积水,如图5所示。当车子开到跟前时,却发现路面是干燥的。这就是下现蜃景一种情形。

图5 夏日马路上的下现蜃景

除了海市蜃楼,大自然还利用光的折射创造了许多其他美丽的自然奇景。雨后彩虹是空气中小雨滴折射太阳光而产生的,一般彩虹呈现为下弯的拱形。而幻日弧光跟彩虹恰好相反,它呈现出上弯的弧度,如图6(b)所示,所以也称为"倒彩

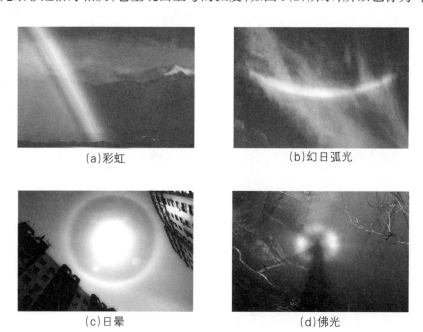

(a)彩虹　　　　　　　　　　(b)幻日弧光

(c)日晕　　　　　　　　　　(d)佛光

图6 几种自然界中常见的折射现象

虹",这是因为空气中的水蒸气在高空遇冷而凝集成小冰晶,无数的小冰晶折射阳光而产生幻日弧光。而日晕和月晕的成因也类似,它们是高空卷层云中的冰晶折射和反射光线而形成。民谚说"日晕三更雨,月晕午时风",说明日晕和月晕的出现,往往预示着将有天气变化。佛光是因为太阳光照在云雾表面引起的衍射和漫反射作用而产生的。我们可以看到,自然界中的许多奇景并不神秘,它们也没有太多的附加意义,利用科学常识很容易解释它们。所以,我们一定要用科学原理来解释这些现象,而不能陷入唯心主义的泥潭不能自拔。

思考题

1. 你能用一杯水在阳光的影子里制造人工彩虹吗?
2. 想一想生活中还有哪些现象是由于光的折射形成的?

全反射
Total Reflection

我们都有这样的经验：将筷子插入水中，它仿佛变弯曲了；鱼儿在清澈的小溪中游动，渔民将鱼叉瞄准鱼的下方叉去；游泳池注满水后看上去变浅了……从上面看水、玻璃等透明介质中的物体，会感到物体的位置比实际位置高一些，这是光的折射现象引起的。那么，水中的物体会"消失"吗？我们来完成一个小魔术——消失的硬币。

实验装置

透明玻璃杯2只、浅底盘1只、硬币1枚，如图1。

图1 所需的实验设备

现象观察

先把硬币放入干燥的浅底盘中，然后用杯子压在上面，从侧面可以看到杯底外的硬币，如图2a所示。接着，用另一个杯子将清水慢慢注入该杯中（图2b），仍然从侧面观察，当水面达到一定高度后，杯子下面的硬币在视野里消失了，如图2c。

怎样才能找回"消失"的硬币呢？很简单，只要按图3a的方法，往浅底盘里也加一些水。如果杯底跟硬币之间有空隙的话，一定要用水将空隙填满，把气泡赶出来，那么消失的硬币就会重新回来了（图3b）。

图2 硬币在杯下消失的过程；(a)没有加水时，可以从侧面看到硬币；
(b)向杯子中加水；(c)从侧面看不到杯底下面的硬币

图3 硬币重新出现的过程　(a)在浅底盘中注入清水　(b)又看到了杯子下面的硬币

■ 现象解密

光线在不同介质的交界面上会反射和折射，入射角 i 和出射角 r 满足折射定律，即 $n_i \sin i = n_r \sin r$，其中 n_i 和 n_r 分别为入射介质和出射介质的折射率。如果光线从光密介质射入光疏介质中（即 $n_i > n_r$），则折射角大于入射角，并且折射角随

入射角的增大而增大。当入射角达到一个临界值的时候，折射角会增大到90°，如果继续增大入射角，折射光就会完全消失，只剩下反射光，这种现象称做全反射，对应的临界入射角称为全反射角，如图4。全反射角等于 $\arcsin\dfrac{n_r}{n_i}$。

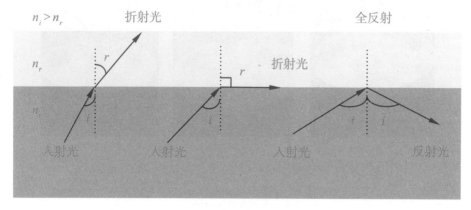

图4 全反射光路示意

我们能否看见硬币，取决于经它反射的光线有没有进入我们的眼睛并在视网膜上成像。在玻璃杯没有注水之前，硬币反射的光线依次经过硬币与杯底间的空气薄层、杯底玻璃、杯中空气、杯侧壁玻璃、杯侧壁外空气到达我们的眼睛，最后进入眼睛的光线与最初硬币反射的光线平行。（为什么经杯玻璃折射，光线没有改变方向？请读者自行分析。）

若我们往杯子里加水，光线从水底进入水中以及在水面出射时，要发生两次方向的变化，如图5(a)所示。假设水的折射率为1.33，那么从水面出射到空气中的光线的全反射角约为48.8°。如果我们从杯中水面的上方而不是侧方观察，能够看到杯底下面的硬币，因为这种情况下的入射角小于48.8°。根据光路可逆性，我们看到的硬币（其实是硬币经人眼所成的像）要比其实物靠后并接近水面一些。

如果我们继续加入水，仍然从侧面观察，如图5(b)。光线经过水底的折射到达侧壁时，入射角大于全反射角，发生了全反射，只存在反射光而没有折射光。于是，硬币"消失"了。

我们在杯子下面的浅底盘中也注入水，并把硬币和杯底之间的气泡排出，如图5(c)。这相当于把硬币浸入了水中，硬币的反射光不经过空气层的折射，直接射到杯壁上，入射角小于全反射角，有折射光进入人眼，硬币"重现"了，并且其成像位置要比实物稍微靠前一点。

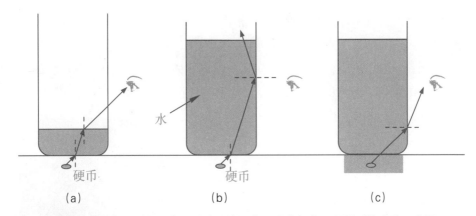

图5 不同条件下观察硬币的示意图。(a)从液面上面观察杯底下面硬币的光路示意图;
(b)从液面侧面观察硬币;(c)杯底也注入水后,从侧面观察硬币。

应用拓展

图6 小玻璃杯"隐身"实验。 (a)实验所用装置;(b)先向小玻璃杯倒入蓖麻油;
(c)小玻璃杯满溢后流入大玻璃杯,小玻璃杯下部已经消失不见;
(d)小玻璃杯完全浸没,彻底"隐身"。

除了上述的实验,还有一个类似的"隐身"实验也非常有趣。如图6(a)所示,取小玻璃杯和大玻璃杯各一只(如果没有玻璃杯,也可以用烧杯代替,但由于烧杯上有刻度,演示效果不够完美),一瓶足量的蓖麻油(或菜籽油)。把小玻璃杯放入大玻璃杯中,然后向小玻璃杯里面不断倒入蓖麻油,如图6(b)。小玻璃杯倒满溢出后,会流入大玻璃杯,此时持续倒入蓖麻油,我们就会看到,被外层蓖麻油淹没的小玻璃杯下半部分,在我们的视野中消失了图6(c)。继续倒入蓖麻油,直到小玻璃杯完全被浸没,这时候小玻璃杯就完全隐形了图6(d)。这个有趣实验的原理跟硬币隐形的原理是类似的,大家可以自行思考其隐身的原因。

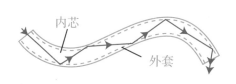

(a)光信号在光纤中全反射示意图　　　　　　　(b)光纤实例

图7 光导纤维

以上两组实验,都是基于光的全反射原理。在我们现实生活中,全反射也有着广泛的重要应用。其中,光导纤维(简称光纤)就是全反射在现代生活中的一个重要应用,光纤通信和医学上常用的内窥镜,都是基于此原理制成的。实际的光纤是非常细的特制玻璃丝,由内芯和外套两层组成,如图7a,其直径只有几微米到一百微米。因为内芯的折射率比外套大,所以光在其中传播时,会在内芯和外套的界面上发生全反射。光从光纤的一端进入,经过多次全折射后从另一端出射。利用光纤传递光信号,在通信方面比传统的电缆有更大的优势,如抗电磁干扰、不导电、能保证数据使用安全、承载信息量大、传输距离远等。因为这项伟大的发明,香港中文大学前校长高锟获得了2009年诺贝尔物理学奖。

另外,在光学仪器中,常用全反射棱镜代替平面镜,在军事等领域使用的双筒望远镜和潜望镜就是用全反射棱镜来工作的。

思考题

1.如果不是把硬币放在杯子外面用杯底压住,而是将硬币放在杯内底部,杯里注入水后,从侧面观察到的现象一样吗？为什么？

2.试多列举一些全反射原理在生活中的应用。

3.解释一下图6中小玻璃杯隐身的原因。设想一下我们可以通过哪些方法也许能达到隐身的目的？

丁达尔效应
Tyndall Effect

以下生活中的美景,你可曾亲见? 图1(a),早晨的树林里,光线穿过茂密的树丛,形成斑驳的影子;图1(b),大片乌云遮住了天空,金黄的阳光利剑般从乌云的边缘射出;图1(c),阳光穿过窗户照进黑暗的房间,形成一条明亮的光路,空气中的灰尘在光路中起起伏伏。这些现象的产生,我们称之为丁达尔效应。本实验通过演示丁达尔效应,解密其形成的原因。

图1 生活中的一些常见的丁达尔效应 (a)清晨阳光穿过树丛
(b)阳光透过乌云的边缘出射 (c)阳光透过窗口射入黑暗的房间

▊ 实验装置

烧杯两只,激光笔一支,硫酸铜溶液,氢氧化铁胶体。

▊ 现象观察

把氢氧化铁($Fe(OH)_3$)胶体倒入一只烧杯,用激光笔从烧杯的侧壁垂直照射胶体,我们会看到激光光束在$Fe(OH)_3$胶体中形成了一条明亮的通路,如图2(a)所示,这就是丁达尔效应。同样的,把硫酸铜(CuSO₄)溶液倒入另一只烧杯,用激光笔从烧杯侧壁垂直照射,我们没有在CuSO₄溶液中发现明显的光通路,也就是说,在CuSO₄溶液中不会形成丁达尔效应。那么,为什么丁达尔效应只出现在某些特定的液体中呢?

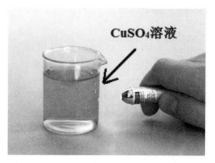

(a)光束穿过氢氧化铁胶体会产生丁达尔效应　　(b)光束穿过硫酸铜溶液不会产生丁达尔效应

图2 光束在不同液体中的现象差异

现象解密

丁达尔现象是英国物理学家丁达尔于1869年研究胶体时首先发现的。我们在解释丁达尔现象以前,有必要先了解胶体的概念。在生活中,我们常遇到一种或几种物质分散在另一种介质中的现象,譬如蔗糖、食盐和农药等分散在水中,灰尘、雾霭分散在空气中等。它们共同构成的体系,被称为分散系,其中被分散的物质为分散质(或分散相),而分散质分散在其中的连续介质称为分散介质。通常,按分散质尺寸大小的不同,分散系可分为三类:分散质微粒直径大于100nm的分散系称为浊液(包括

图3 约翰·丁达尔

悬浊液和乳浊液);微粒直径介于1~100nm之间的分散系称为胶体;而微粒直径小于1nm的分散系称为溶液。

光在介质里传播,光线照射到介质中的微粒上,如果微粒的尺寸比入射光波长大许多倍,则光会发生反射;如果微粒尺寸小于入射光波长,则光会发生散射,光波环绕微粒向四周发散,这种光称为散射光或乳光。我们知道,可见光的波长范围大约在400~750nm之间,大于胶体微粒,因此当光线穿过胶体时,胶体微粒对光线散射而在胶体内形成了一束明亮的通路,如图4所示,这就是丁达尔效应。那为什么

在微粒直径小于1nm的溶液中,观察不到这种现象呢? 原来,散射光的强度会随着散射微粒尺寸的减小而明显减弱,溶液中的微粒尺寸太小,对可见光的散射作用就非常微弱,因此在溶液中观察不到丁达尔效应。

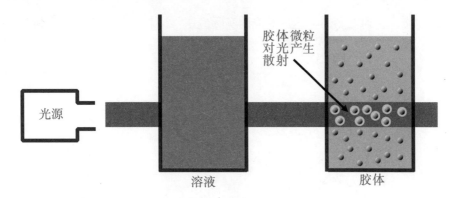

图4 丁达尔效应示意图

除了上述固体分散在液体中可形成胶体外,烟尘、云、雾等分散在空气中也能形成胶体,有机玻璃、烟水晶等固体也是胶体,它们都能观察到丁达尔效应。

应用拓展

浊液因为颗粒较大,用肉眼观察,就可以很容易把它同胶体和溶液相区分。但胶体和溶液却不容易区分,因此丁达尔效应常被作为一种简单而有效的方法来区分溶液和胶体。

除了图1所列举的几种情景外,生活中还可见到很多丁达尔现象。譬如夜晚我们用手电筒照向天空,就会看到一束光柱射入茫茫黑夜;汽车或摩托车的前灯在夜间或有雾的时候发出的光柱,也可以看到类似现象。这些都是空气丁达尔效应的一种体现。很多景点利用空气丁达尔效应,用五彩的光束照射夜空,来达到美轮美奂的效果,如图5所示。

图5 丁达尔效应在生活中的应用

■ **思考题**

1. 液体中微粒直径大于100nm就属于浊液,那么在能透光的乳浊液中,是否会产生丁达尔效应呢?

2. 你能否想到更多的丁达尔效应的实际应用? 试着利用丁达尔效应制作一些实用的小器件。

光散射现象

the Phenomenon of Light Scattering

天空黑暗,却星光闪烁,而太阳又发出耀眼异常的光芒。这是白天还是黑夜?如果没有大气的散射,我们的白天就是这样的。

散射是一种普遍存在的光学现象。在光通过各种浑浊介质时,有一部分光会向四方散射,沿原来的入射或折射方向传播的光束减弱了,即使不迎着这些方向,人们也能够清楚地看到介质散射的光。这种现象就是光的散射。

蔚蓝色的晴空、早晚天边橘红色的太阳、宇航员在太空看到美丽的蓝色地球……这一切都归因于大气的散射。

■ 实验装置

透明玻璃杯一只,装入自来水(八成满即可);牛奶半勺(可以用少量奶粉代替);手电筒一只。

图1 所用实验器具

■ 现象观察

1. 从侧面看玻璃杯,手电筒打开,从杯子的一侧照射。此时可以看到杯子变成了淡淡的蓝色,正如平时天空的颜色,如图2所示。

图2 侧面出现淡蓝色

2. 依然从侧面观察玻璃杯,手电筒改从杯子后面照射。此时看到杯子里的牛奶水变成了浅黄色,如图3所示。

图3 后面出现淡黄色

3. 从玻璃杯侧面偏顶部观察,而手电筒从玻璃杯底部照射。此时你可以看到一个渐变色的水杯,从杯底部附近的浅黄色,往上逐渐变为顶部偏红的橘黄色。如果从杯子顶部正上方观察,你会发现更加鲜艳的橘红色,正如日出日落时太阳的颜色,如图4所示。

图4 侧面偏顶部出现橘红色

■ 现象解密

我们知道太阳光通过棱镜后，被分解成各种颜色的光。太阳光是由红、橙、黄、绿、蓝、靛、紫七种色光混合而成的复色光，如图5所示。

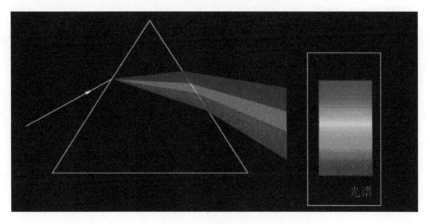

图5 太阳光的颜色

不同物体对各种色光进行反射、吸收和透过的情况不同，因此呈现出不同的色彩。透明物体的颜色由透过它的色光决定，不透明物体的颜色则是由它反射的色光决定的。

小障碍物使光波发生散射，较大物体使光波反射，边缘部分产生衍射。较小颗粒对光的散射遵从瑞利定律，与光波波长的四次方成反比。旭日和夕阳呈红色，是因为早晚阳光以很大的倾角穿过大气层,经过的大气层厚度远比中午时大,波长较短的蓝光、黄光等几乎朝侧向散射,仅剩下波长较长的红光到达观察者,而接近地面的空气中有尘埃,更是增强了散射作用。太阳升起后,朝侧向散射为主的蓝光进入我们的眼睛,因此每当大雨初霁、玉宇澄清了尘埃的时候,天空总是蓝得格外美丽可爱。本演示实验中,以光的入射方向为参考方向,侧向观察散射光偏蓝,纵向则偏红就不难理解了。然而,目前环境污染严重,空气中各种大小的颗粒物增多,由于它们对阳光的散射,我们已经很难看到上述心旷神怡的蔚蓝色天空了。

应用拓展

摄影中的应用。阴天,室外的光线是非常柔和的散射光,用这种光线拍摄人像,能取得很好的效果。

共振光散射技术因灵敏度好、实验仪器简单、检测方便等优点而备受化学研究者的青睐,是分析化学领域中强有力的分析技术。

思考题

1. 散射和反射的关系怎样? 它们有本质区别吗?
2. 散射颗粒与散射光有什么关系?
3. 散射和衍射的区别?

透射光栅和反射光栅
Transmittance Grating and Reflection Grating

与传统的二维平面电影相比,3D影片可以创造出更加逼真震撼的视听效果。但是在观看3D电影时,需要佩戴特殊的红蓝眼镜或者偏振光眼镜,这会使画面色彩不够艳丽逼真,而且眼镜戴久了会头晕,也不是很方便。那么,有没有方法不需要佩戴任何眼镜,裸眼就能得到3D效果呢?通过光栅技术就可以实现,这也将是未来3D影视设备发展的一个重要方向。那么,小小的光栅是如何得到立体效果的呢?

▨ 实验装置

透射光栅变换画(图1)、透射光栅立体画、反射光栅变换画(图2)、反射光栅立体画。

图1 两种效果混杂的透射光栅变换画　　　　图2 两种效果混杂的反射光栅变换画

▨ 现象观察

1. 透射光栅变化画和立体画的现象观察

透射光栅显示画面需要背景光源。点亮背景灯箱后,站在透射光栅变换画前面不同的位置,可以看到两幅截然不同的画并随着角度的不同而交替出现。图3

是图1所示的变换画的两种画面,(a)是春天景色,(b)是秋天景色。图4是透射光栅立体画的图像,站在画前可以看到立体效果。

(a)变换画中的春景　　　　　　　　(b)变换画中的秋景

图3 透射光栅变换画的两种不同画面

2. 反射光栅变化画和立体画的现象观察

反射光栅不需要背景光源照亮,所以在正常的光照条件下就可以观察。图5是上述图2所示的反射光栅变换画在不同观察角度看到的图像。图6是反射光栅立体画的观察效果。

图4 透射光栅立体画

(a)变换画中的风景画　　　　　　　(b)变换画中的海豚

图5 反射光栅变换画的两种不同画面

▨ 现象解密

上述图画之所以有变换和立体的效果,都是因为采用了特殊的光学元件——光栅。根据成像原理的不同,变换画或立体画主要采用狭缝光栅和柱镜光栅。通过透射光成像的变换画或立体画采用狭缝光栅,其工作原理如图7所示。将两幅不同的图画,按一定的顺序交错排列在一个画面上,通过背景光照亮画面,

图6 反射光栅立体画

在画面的前方覆盖上遮光和透光交替排列的狭缝光栅。狭缝光栅使得某些方向的光被遮挡,某些方向的光可以透过,这样在不同的角度,只能看到某些位置发出的光,所以人改变在透射光栅前的观察角度,就可以在不同的范围内看到变换的画面。类似地,如果把同一个对象的不同视角图像按一定顺序交错显示在一幅画面上,通过狭缝光栅的选择性隔离和透过,进入人的左右眼的图像是不同的。我们知道,人观察物体之

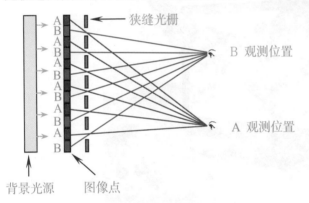

图7 透射光栅的工作原理

所以有立体感,是因为两眼分别从不同的角度对物体成像,这两个像经大脑合成为立体像。在这里,狭缝光栅的作用就是使人的两眼同时看到一个物体的不同视角图像,从而具有立体的效果。

透射光栅成像需要背景光源照亮,狭缝光栅的遮挡,影响了出射光的亮度,为克服这些缺点,人们根据折射原理制造出了反射光栅。这种光栅的工作原理图如图8所示,它不同于透射光栅的地方,就是用柱镜光栅代替了狭缝光栅。这样它就不再需要背景光源,按特定顺序排列的不

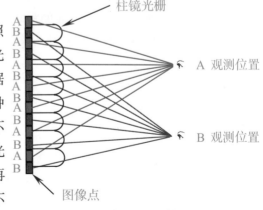

图8 反射光栅的工作原理

同图画或者同一幅图的不同角度的画面,其出射光线通过柱镜光栅时会形成折射,使得画面上的不同点的像,经过柱镜后其出射光线在一个特定的范围内,这样在不同的角度,只能看到某一种像。同样会得到变换或立体的效果。

■ 应用拓展

目前,透射光栅和反射光栅的变换画和立体画,已经广泛应用于3D摄影、户外广告等领域,未来重要的应用是裸眼观看的立体显示技术,这种技术已经初具雏形,但清晰度、信号控制等方面还需要进一步改进。但可以预见,在不久的将来,人们不用戴眼镜,也可以看到逼真的3D影像。

图9 未来的立体电视

■ 思考题

1. 从光栅的原理考虑,离光栅画的距离不同,看到的图像效果一样吗?
2. 列举在生活中透射光栅和反射光栅有哪些应用?

超声光栅
Ultrasonic Grating

在我们的印象里,光栅一般是刻有大量平行、等宽且等间距狭缝的平面玻璃或金属片,它利用单缝衍射和多缝干涉原理在接收屏上形成明亮而细锐的光栅衍射条纹。可你能否想象,除了玻璃和金属等固体外,我们常见的水和油等液体,也能作为光栅,对光线产生衍射作用呢?实验表明,把超声波加在液体上,在合适条件下,就可以形成类似于光栅的结构而对光产生衍射作用。超声作用在液体上形成的光栅,称为超声光栅。下面我们来看看,这种液体超声光栅是如何对光有衍射作用的。

实验装置

FB720型声光效应与激光超声光栅实验仪1套。实验仪的结构如图1所示,水槽中装有纯净水。

图1 超声光栅实验仪

现象观察

1. 声场光栅结构的观察

将频率为800 kHz的低频超声探头浸入水中距离上表面几毫米深处,使探头平行于水槽的底部。按图2所示的光路图连接实验仪器,调整激光器、扩束镜和凸透镜同轴。激光器产生的激光,经扩束镜扩束后平行入射凸透镜,激光经凸透镜散射后穿过水槽,投影到白屏上。打开超声波发生器,可以看到在超声探头的作用下,水槽内的水产生波涟,调整到合适的振幅和超声频率后,在屏幕上观察到如图2右侧所示的清晰的声场光栅投影,该投影非常类似于普通光栅的衍射图案。

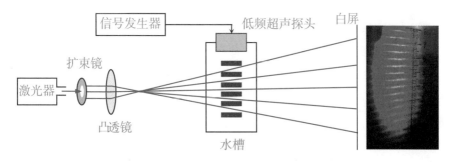

图2 声场光栅演示实验光路图及实验图像(右侧)

2. 超声光栅衍射现象的观察

我们已观察到低频超声作用下声场光栅的衍射现象。为使衍射现象更明显,则需要更高频率的超声波形成光栅常数更小的超声光栅。

我们把凸透镜撤掉,探头换用频率为10MHz的高频超声探头,实验光路图如图3所示。激光经扩束镜后,成为平行入射激光。该激光经过高频超声作用下形成的超声光栅后,就会在接收屏上看到如图3右侧所示的衍射图样。

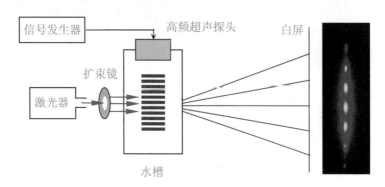

图3 超声光栅衍射演示实验光路图及实验图像(右侧)

■ 现象解密

超声波是一种弹性应力波,当它在液体中传播时,会使液体产生弹性形变,引起液体的伸张和压缩,从而使得液体内部产生疏密的层次变化。当超声波从水的上表面进入,经过水槽底部的反射后,反射波同入射波相叠加,在合适的超声频率条件下,就会在水槽内形成稳定的驻波。驻波形成后,水槽内的水便形成了疏密相间的不同层次,如图4所示。因为介质的折射率同介质的密度成正比,所以在超声作用下水密度的周期性变化,必然导致其折射率也发生周期性变化。

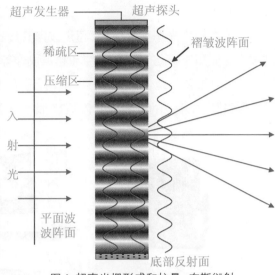

图4 超声光栅形成和拉曼-奈斯衍射

研究发现,当频率很高(超过100MHz)、水体较大时的衍射为布拉格衍射;而频率较低(10MHz左右)、水的体积不是很大时的衍射为拉曼-奈斯衍射,这时候的光栅属于位相光栅,也就是我们这个实验所看到的超声光栅。

因为光波的波速是声波声速的10万倍,所以光波垂直穿过超声场的这段时间内,水的密度在空间的分布可以认为是静止不变的;而水的疏密度在空间上的周期性变化,使折射率也相应地发生周期性变化,所以光在其中不同区域的传播速度也发生了变化,整个水体可以等效为一个平面相位光栅。光波通过它时,只受相位调制,即通过稀疏区的光波波阵面将超前,而通过压缩区的波阵面将落后。这样,平面波阵面穿过超声光栅后,变成了褶皱波阵面,如图4所示。根据惠更斯-菲涅尔原理,褶皱波阵面上的各子波源发出的次波将发生相干作用,从而形成了与入射方向对称分布的多级衍射现象。这种衍射就是拉曼-奈斯衍射。

应用拓展

超声光栅可以用来测定液体介质中超声波的声速。在上面的演示实验中,如果声波的频率、入射激光的波长是已知的,那么只需测出水槽到屏的距离和屏上衍射条纹的宽度,就可以方便地计算出液体中的声速大小。超声光栅的光栅常数和位相调制深度可以通过超声信号的频率和振幅来控制,超声信号关闭后,超声光栅可以很快消失,是一种可擦除的实时光栅,利用它产生的多普勒效应可应用于外差干涉测量等领域。激光技术的发展,使得超声光栅成为控制光的强度和传播方向的实用方法之一。

除了在超声光栅上的应用,超声波因其波长较短,有良好的方向性和穿透力,已被广泛应用于探伤、测厚、遥控和超声成像等领域,尤其是超声成像技术已经在医学上占有重要的地位。另外,还可以利用超声波的机械作用、空化作用和热效应等,进行超声焊接、钻孔、粉碎固体颗粒、除尘去污、超声清洗等。

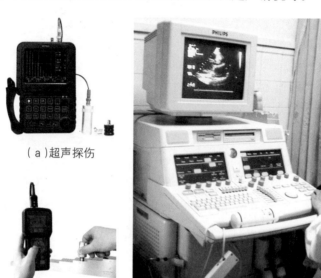

（a）超声探伤

（b）超声测厚　　　　　　　　（c）超声成像

图5 超声波的一些应用

思考题

1. 列举你所知道的超声波在日常生活中的应用。
2. 想一想如何利用超声光栅来测液体中的声速?

等倾干涉
Equal Inclination Interference

在实验室中,我们常用迈克尔逊干涉仪来观察等倾干涉条纹。迈克尔逊干涉仪是1881年由美国物理学家迈克尔逊和莫雷为研究"以太"漂移而设计制造的精密光学仪器。历史上,迈克尔逊－莫雷实验结果否定了"以太"的存在,为爱因斯坦建立狭义相对论奠定了实验基础。迈克尔逊和莫雷因在该工作上所取得的杰出成就获得了1907年诺贝尔物理学奖。在近代物理学和近代计量科学中,迈克尔逊干涉仪具有重大的影响,得到了广泛应用,特别是20世纪60年代激光出现以后,各种应用就更为广泛。

■ 实验装置

迈克尔逊干涉仪,激光或钠光光源。

图1 迈克尔逊干涉仪

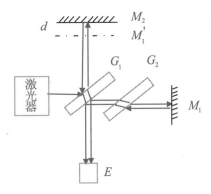

图2 迈克尔逊干涉仪示意图

迈克尔逊干涉仪结构原理如下:激光光源,分光镜 G_1 右表面镀有半透半反膜,使入射光分成强度相等的两束。全反射镜 M_1 和 M_2, M_1 为固定全反射镜,背部有3个粗调螺丝,侧面和下面有两个微调螺丝。M_2 为可动全反射镜,背部有3个粗调螺丝。观察区 E,如 E 处的两束光满足相干条件,可发生干涉现象。G_2 为补偿板,与 G_1 一样的材料和厚度,且平行安装。M_2 在导轨上由粗动手轮和微动手轮的转动而前后移动。

■ 现象观察

1. 移开扩束透镜,打开激光器电源使之出射激光,调节激光方向使入射光与反射光重合。

2. 观察由 M_1 和 M_2 反射到屏上的两组光点,反复调节背部3个调节螺丝,使 M_1 反射的光点和 M_2 反射的光点一一对应重合。

3. 把扩束透镜置于激光束中,使激光扩束后投射到分光板上,调节光照位置直到观察到屏上有同心圆。

4. 转动微动手轮观察干涉图样的变化情况,顺时针或反时针转动,观察干涉图样中心冒出或内陷的情况。

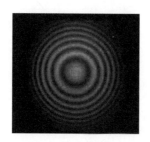

图3 干涉照片

图3是由迈克尔逊干涉仪得到的干涉照片,照片上我们可以清晰地看到干涉花样是明暗相间的同心圆,条纹的密度是内疏外密。

■ 现象解密

等倾干涉是薄膜干涉的一种。光线以倾角 i 入射均匀的薄膜,在薄膜上下表面各有一次反射,上下两束反射光线经透镜会聚,形成干涉,如图4所示。由于入射角相同的光经薄膜两表面反射形成的反射光在相遇点总有相同的光程差,也就是说,凡入射角相同的就形成同一条纹,故倾斜度不同的光束经薄膜反射所形成的干涉花样是一些明暗相间的条纹。因为倾角 i 相同时,干涉情况一样,所以这种干涉称为等倾干涉。此外,等倾干涉条纹只呈现在会聚平行光的透镜的焦平面上,不用透镜时产生的干涉条纹应在无限远处,所以我们说等倾干涉条纹定域于无限远处。

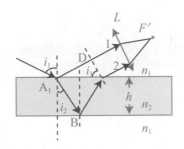

图4 上下两束反射光线经透镜会聚,形成干涉

应用拓展

利用迈克尔逊干涉仪不仅可以观察光的等厚、等倾干涉现象,精密地测定光波波长、微小长度、光源的相干长度等,还可以测量气体、液体的折射率等。

思考题

1. 在调等倾干涉条纹时,为什么条纹有一个由直变圆的渐变过程?

2. 为什么向"等光程"状态调节时,圆条纹变粗变疏?

3. 迈克尔逊干涉仪中的圆状干涉条纹与牛顿环的性质是否相同? 为什么?

4. 如用白炽灯作光源,怎样调节干涉仪才能看到干涉条纹?

5. 在生活中我们能看到哪些等倾干涉条纹,请举例。

薄膜干涉
Thin Film Interference

　　雨过天晴,汽车驶过积水的柏油马路,可能会在水坑表面留下一片片彩色的油膜,如图1所示。节假日我们也常会看到快乐的小孩吹着肥皂泡,五彩缤纷的彩球飘逸在空中,增添了节日祥和欢乐的氛围,如图2所示。油膜和肥皂泡本身并没有颜色,怎么会变成彩色呢? 其实这是光的薄膜干涉现象造成的。

图1 彩色油膜　　　　　　　　　图2 飘逸在空中的肥皂泡

　　当光线照到油膜上时,一部分光被油膜外表面反射,另一部分进入油膜内部,在油膜内表面发生反射,这两束反射光相遇而产生干涉现象。在两束反射光相遇区域,有些点上的光线得到加强,而另一些点上的光线被减弱,甚至完全抵消。干涉加强或减弱取决于光波的波长和薄膜的厚度。阳光是由红、橙、黄、绿、蓝、靛、紫七种不同波长的光组成的复色光,而油膜各处的厚度也不均匀,不同波长的单色光照在油膜厚度不同的地方,有的会加强,有的则会减弱,甚至相互抵消。这样,油膜上有些地方就显得红一些,有些地方显得蓝一些,呈现出瑰丽的色彩。

　　不仅油膜,光线射入任何透明薄膜时,都会发生这种干涉现象。比如肥皂泡、蜻蜓或苍蝇的翅膀,在阳光的照射下,也显得色彩缤纷。

▮ 实验装置

　　将一根弹性塑料细棒围成环形,把它浸入肥皂液,慢慢提起,一张液体薄膜就形成了。薄膜竖直放置,用白光照射,我们可以看到彩色的干涉花样,如图3所示。

图3 观察到的薄膜干涉条纹

现象观察

仔细观察薄膜上的彩色花样,有如下特点:

1. 薄膜最上端是暗的。

2. 干涉条纹为彩色,膜的上半部分干涉条纹较疏,下半部分干涉条纹较密。

3. 靠近膜的底端,干涉条纹消失。

现象解密

薄膜有两个表面,面对观察者的面,我们把它叫做前表面,另一面为后表面。入射光线经前后两个表面的反射,两反射光相遇存在光程差,如光程差δ满足下式:

$\delta = k\lambda, k = 0, 1, 2, \cdots$

为相长干涉,产生亮纹。光程差δ满足下式:

$\delta = (2k+1)\lambda/2, \ k = 0, 1, 2, \cdots$

为相消干涉,产生暗纹。

由于薄膜是竖直放置的,重力的作用使其上薄下厚。最上端薄膜的厚度已经小于波长,所以前后两束光的干涉只能是相消干涉,这就是上端看上去较暗的原因。上半部薄膜的厚度薄并增加得较慢,条纹间距较宽;下半部的薄膜的厚度厚并增加得较快,条纹间距较密。靠近底部看不到干涉条纹的原因有两个:一是条纹太密分不清楚;另一个是光的空间相干性所致,特别是普通光源的相干长度是很短的。复色光照明得到彩色条纹,如果用单色光照明,我们仅能看到明暗相间的单色条纹。

应用拓展

薄膜干涉在现代光学中有广泛的应用。光学仪器镜头的表面往往镀有一层或多层介质膜,称为增透膜或增反膜,就是利用干涉相消或干涉相长原理来达到所需效果。照相机的镜头看上去呈紫红色(如图4所示)就是因为镀了增透膜,让中间波长的光增透的缘故。利用空气膜可以测量微小长度、检查光学表面的加工质量等。迈克尔逊干涉仪、牛顿环等光学仪器中的干涉条纹是薄膜干涉的典型例子。

图4 镀有增透膜的照相机镜头

思考题

1. 分析增反膜的原理,它是怎样达到增加反射光强度的目的的? 分析时应注意半波损失的问题。

2. 薄膜干涉属于等厚干涉还是属于等倾干涉?

3. 上述肥皂膜中的彩色条纹随时间如何变化? 为什么?

偏振光干涉
Interference of Polarized Light

光波是电磁波。电磁波是横波,因为电磁波中的电矢量与波的传播方向垂直。光的偏振现象表明了光的横波特性。早在1811年英国物理学家阿喇果就发现了偏振光的干涉现象,他用方解石观察蓝色天空时,把一云母片置入方解石之前,于是他发现两束折射光常呈现颜色。这种颜色的成因是偏振光的干涉。

■ 实验装置

偏振光干涉实验仪,透明U形尺1把。

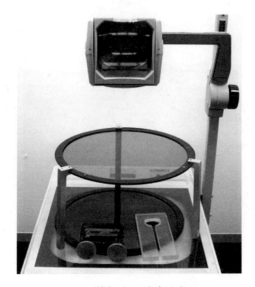

图1 偏振光干涉实验仪

■ 现象观察

白光光源发出的光透过第一个偏振片P(如图2所示)后变成线偏振光。线偏振光通过薄膜叠制而成的图案或光弹材料制成的三角板或曲线板等C后,产生应力双折射,分成有一定相差且振动方向互相垂直的两束光。这两束光通过最右边的偏振片A后成为相干光,将在相干区发生偏振光干涉现象。

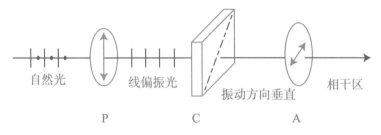

自然光　　　　　线偏振光　　　　振动方向垂直　　　相干区

P　　　　　　　C　　　　　A

图2 偏振光干涉示意图

1. 若两偏振片之间没有其他物体,旋转偏振片A,使两偏振片正交,此时在相干区为消光;

2. 将用不同层数的薄膜叠制而成的图案试样插入两偏振片之间,观察到视场中各种图案偏振光干涉的彩色条纹,旋转前面的偏振片,观察干涉条纹的色彩也随之变化;

3. 把透明U形尺插入两偏振片之间,观察不到异常,用力握U型尺的开口处,立即看到在尺上出现彩色条纹,且疏密不等;改变握力,条纹的色彩和疏密分布也发生变化,图案如图3所示。

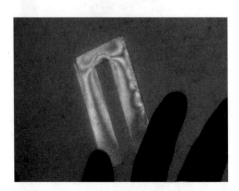

图3 透明U形尺干涉图

■ 现象解密

用不同层数的薄膜叠制而成的图案,由于应力均匀,双折射产生的光程差由厚度决定,各种波长的光干涉后的强度均随厚度而变,故干涉后呈现与层数分布对应的色彩图案。对于三角板和曲线板等,由于厚度均匀,双折射产生的光程差主要与内部的残余应力分布有关,各波长的光干涉后的强度随应力分布而变,则干涉后呈现与应力分布对应的不规则彩色条纹。条纹密集的地方是残余应力比较集中的地方,图3中U形尺的干涉条纹类似于三角板和曲线板干涉图案,区别在于这里的应力不是内部的残余应力,而是外部产生的实时动态应力,所以条纹的色彩和疏密是随外力的大小而变化的。利用偏振光的干涉,可以考察透明元件是否受到应力以及应力的分布情况。转动外层偏振片,即改变两偏振片的偏振化方向夹角,也会影响各种波长的光干涉后的强度,使图案颜色发生变化。

应用拓展

利用偏振光的干涉现象制成的光测弹性仪就是利用条纹的变化来检查应力分布的仪器,它在实际中有很广泛的应用。例如为了设计一处机械工件、桥梁或水坝,可用透明塑料模拟它们的形状,并根据实际工作状况按比例地模拟加上应力,然后用光测弹性仪显示出其中的应力分布。当然,该方法可方便地用来观察眼镜镜片的受力情况及质量的优劣。

在我们普通人的眼里,玻璃和透明的宝石似乎没有多少差异,但在专家的眼里,这两者确有很大的不同,玻璃各向同性,而透明的宝石则大多是各向异性,因此,普遍存在双折射现象。当把这类宝石放在这台光学仪器的起偏镜和检偏镜之间时,即会看到奇异的色彩,这就是偏振光干涉色,也被称为色偏振。更为有趣的是当我们旋转其中的一个偏振镜时,看到的色彩还会交替变化,而这种现象用各向同性的玻璃根本不会出现。

思考题

1. 自然光经过偏光片后,光线强度是否要减弱?为什么?

2. 自然光投射到两块偏振片P和A上,这两块偏振片的振动方向取向使得自然光不能透过。若在两者间插进各向异性的晶片C,如图4所示,是否仍然没有光透过最后面的偏振片?试按三种不同的方法解释之。

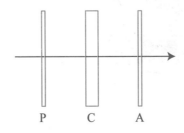

图4 偏振片P和A的振动方向垂直,插入各向异性晶片C

牛顿环
Newton Ring

在电阻式触摸屏和液晶显示器的生产加工过程中,时不时地会出现一些彩虹纹,弄得不少在现场管理的工艺技术人员神魂颠倒。不是因为这彩虹纹太美丽,而它是优良品质的美丽杀手。这些彩虹纹就是一种光学干涉现象:牛顿环。牛顿环是一种薄膜干涉现象。它与前面讲到的等倾干涉有所不同,是一种等厚干涉。它的干涉图样是一些明暗相间的同心圆环。

实验装置

读数显微镜(如图1所示)、平凸透镜(如图2所示)或平凹透镜、钠光灯。

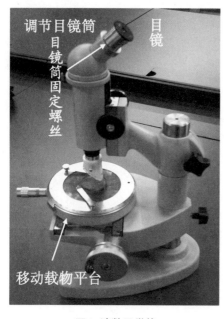

图1 读数显微镜

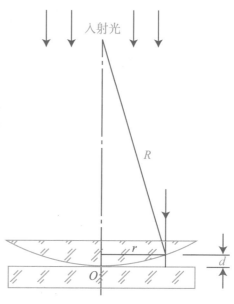

图2 平凸透镜

现象观察

平行光源照射到牛顿环上,经牛顿环反射后,进入一个投影物镜,可在目镜上套一个摄像头，最后成像在屏幕上。

我们观察到干涉花样有如下特点：

1. 是明暗相间的圆条纹，中间疏，愈往外愈密，如图3所示。

2. 由于是用反射光观察干涉现象，中心是暗纹。

3. 如果改用透射光，干涉图案中心是亮纹且对比度很低，但不易观察，如图4所示。

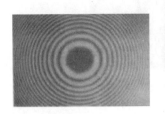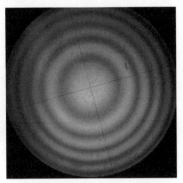

图3 用反射光观察牛顿环　　　图4 用透射光观察牛顿环

■ 现象解密

光的干涉、衍射和偏振现象是光的波动性的典型实验证据。牛顿环干涉属于等厚干涉，如果空气膜在某个厚度上满足从前后两表面反射的光的光程差为入射光波长的整数倍，就出现干涉相长，即亮纹；若空气膜在某个厚度上满足从前后两表面反射的光的光程差为入射光半波长的奇数倍，则出现干涉相消，即暗纹。由于牛顿环的结构是由一个平面和一个球面组成的，所以相同厚度的空气膜是一系列半径不同的同心圆环，干涉条纹呈环形也就不难理解了。空气膜在中心处厚度虽然为零，但前表面是从光密到光疏物质的反射，而后表面是从光疏到光密物质的反射，根据菲涅耳公式，后者有半波损失，所以这两束反射光的光程差满足干涉相消条件，中心为暗。如用透射光观察就不存在半波损失，零厚度的中心为亮纹，但此时两相干反射光的振幅相差悬殊，对比度很低，不易观察。

■ 应用拓展

1. 我们可以利用牛顿环的干涉原理，检验光学平面或球面加工质量的优劣。

2. 利用等厚干涉原理，我们在光学镜头表面镀上一层等厚介质膜，如果膜的

厚度满足相消干涉,可起到增透的作用;如果膜的厚度满足相长干涉,可起到增反的作用。

3.光学仪器中常用的干涉滤光片就是镀了多层等厚膜,如图5所示。

图5 各种干涉滤光片

■ **思考题**

1. 为什么平凸玻璃的凸面曲率半径一定很大?

2. 为什么牛顿环干涉图样一定是空气膜形成的?

3. 利用透射光观察牛顿环的干涉条纹和用反射光观察的干涉条纹有何区别? 为什么?

泊松亮点
Poisson Spot

泊松亮点的发现来源于一个歪打正着的故事。1818年,菲涅耳提出当时颇有争议的惠更斯–菲涅耳原理(这个名称是后人赋予的),出色地解释了光的直线传播规律,并提出光的衍射理论的子波解释。该原理因在数学上的巨大成功及其与实验的一致性,获得法国科学院关于光的本性问题的科研成果优胜奖。

泊松反对光的波动说,试图推翻菲涅耳的观点。他利用菲涅尔的理论对衍射现象进行详细分析,得出这样一个结论:用圆片作为遮挡物做衍射实验时,理论上光屏的中心应出现一个亮点;或者用圆孔做实验时,应该在光屏的中心出现一个暗斑。这是一个匪夷所思的问题,泊松将此作为谬误提出来的。不过,菲涅耳又经过严密的数学计算,对泊松的结论补充道:只有当圆片或圆孔的半径很小时,这个亮点或暗斑才比较明显。此后,菲涅耳和阿喇果精心设计了一个实验,确认亮斑的存在,证明了这一预言的正确性。

泊松推出一个似乎荒谬的结论,最终却成了支持波动说的强有力证据。后来人们为了纪念这一极具戏剧性的事件,把衍射光斑中央出现的亮斑(或暗斑)称为"泊松亮点"。

■ 实验装置

教学用普通氦氖激光器1支,凹透镜1个(用于扩束),圆盘1个(用不透光的材料黑纸、金属片、塑料片等,做成直径为3~5mm圆盘,如图1所示),投影屏1个。实验示意图如图2所示。

图1 圆盘

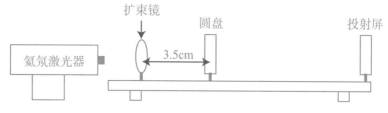

图2 泊松亮点实验示意图

现象观察

1. 开启激光电源,使圆盘置于激光束的光路中。

2. 调节激光器与圆盘之间的距离,使光束充满圆盘,并略大于圆盘。

3. 观察远离圆盘的白色投影屏上产生的衍射图像(即泊松亮点),如图3所示。

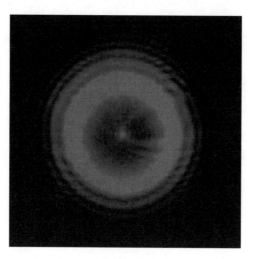

图3 泊松亮点

我们可以清晰地看到照片的中心区有一个亮点,这就是著名的泊松亮点,它颠覆了日常生活经验——光只能沿直线传播。

现象解密

我们可以用菲涅耳公式通过复杂的计算来说明泊松亮点产生的机理,但在这里采用相对比较简单的菲涅耳半波带法。以点光源为例来说明惠更斯-菲涅耳原理的应用。O 为点光源,光路上有一不透明的圆片,令光屏与圆片中心连线 PB_0 之间的距离为 r_0,如图4所示。设想将波面分为许多环形带,每两个相邻环形带的边缘到P点的距离之差为半波长,即

$$B_1P - B_0P = B_2P - B_1P = B_3P - B_2P = \cdots = B_kP - B_{k-1}P = \lambda/2$$

在这种情况下，由任两个相邻环形带的对应部分发出的次波到达 P 点时的光程差为 $\dfrac{\lambda}{2}$，亦即它们以相反的位相同时到达 P 点。这样分成的环形带叫做菲涅耳半波带。

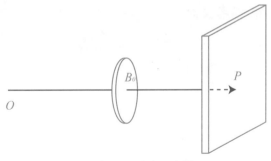

图 4 光源 O、圆片 B_0 和屏 P

现在先讨论光屏中心 P 点的振幅。设圆片遮蔽了从中心开始的 k 个半波带，从第 $k+1$ 个半波带开始，所有半波带发出的次波都能到达 P 点，把所有这些次波叠加起来，可得 P 点的合振幅为

$$A = \frac{a_{k+1}}{2}$$

即不论圆片的大小和位置怎样，圆片几何影子的中心永远有光。不过圆片的面积愈小，被遮蔽的半波带的数目 k 就愈少，到达 P 点的光就愈强。变更圆片-光源之间或圆片-光屏之间的距离时，k 也随之改变，从而也将影响 P 点的光强。

如果圆片足够小，只遮住中心带的一小部分，则光看起来可完全绕过它，除了圆片影子中心有亮点外没有其他影子。正如前面所说，这个初看起来似乎荒谬的结论，曾经被泊松当做菲涅耳论点谬误的证据提出来。但阿喇果做了相应的实验，证实了菲涅耳理论的正确性。

应用拓展

基于圆屏菲涅耳衍射效应的泊松斑成像技术，对光源成像所形成的泊松亮点位置、大小和亮度等信息进行处理，就能够获得光源的入射方位、波长，以及源点的速度等信息，进而可以实现对入射激光光源的方位和波长测量，以及对成像位置和源点运动速度的精确控制。进一步信息可查阅文献[1]。

思考题

1. 圆孔衍射和圆屏衍射都会产生中央亮斑，有何区别？
2. 光穿过圆孔，在圆孔的大小逐渐缩小的过程中，光屏上的图像如何变化？

3. "泊松亮点"给人的启示是什么？

参考文献

王恩宏, 胡以华, 王迪, 张发强. 泊松斑成像特点及应用初探. 光电技术应用, 2007, 22(2), 32–35.

瑞利判据
Rayleigh Criterion

　　人类希望光学显微镜的放大倍数越大越好,这样可以观察更细小的物体。但事实上,无论技术多么先进,普通光学显微镜的放大倍数总是受到限制。从理论上讲,显微镜的放大倍数是指目镜的放大倍数乘以物镜的放大倍数,只要把物镜和目镜的放大倍数做得足够大,显微镜的放大倍数就可以是任意的。但由于光的波动性使我们无法分辨两个靠得较近的像。试想,一个物体的像被放大了上万倍,但细节却是模糊不清的,对观察者而言又有什么意义呢? 那么到底多近的两个像我们才无法分辨哪? 瑞利提出了一个判据,我们叫瑞利判据。目前,该判据被人们普遍使用。

▓ 实验装置

　　激光器 2 台,圆孔屏 1 个(孔径可调),接收屏 1 个。实验装置示意图如图 1 所示。

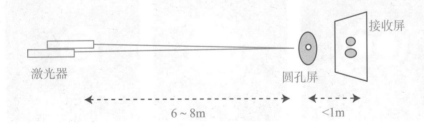

图 1　实验装置示意图

▓ 现象观察

　　两个激光器并列水平放置,激光束射向同一圆孔屏,圆孔屏后放置一接收屏。两个激光器光源均产生圆孔衍射,调整两激光束的夹角和圆孔的孔径,仔细观察接受屏上这两个圆孔衍射图案从可分辨到极限分辨再到不可分辨的过程。

现象解密

按几何光学,物体上的一个发光点经透镜成像后得到的应是一个几何像点。而由于光的波动性,一个物点经透镜成像后在像平面上得到的是一个以几何像点为中心的衍射光斑,称做艾里斑。如果另一个物点也经过这个透镜成像,则在像平面上产生另一个衍射光斑。当两个物点相距较远时,两个像斑也相距较远,此时,物点是可以分辨的(如图2中的(a));若两个物点相距很近,以致两个像斑重叠而混为一体,此时两个物点就不再能分辨开来了(如图2中的(c))。什么情况下两个像斑刚好能被分辨呢? 瑞利提出一个判据:当一个艾里斑的边缘与另一个艾里斑的中心正好重合时,它们对应的两个物点刚好能被人眼或光学仪器所分辨,这个判据称为瑞利判据(如图2中的(b))。

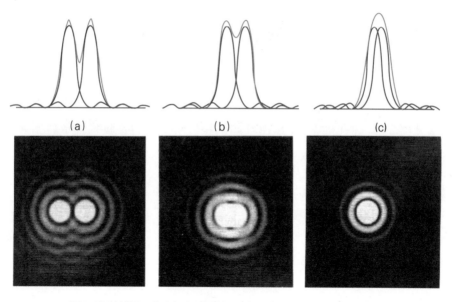

(a)　　　　　　　　(b)　　　　　　　　(c)

图2 瑞利判据 (a)完全能分辨 (b)正好能分辨 (c)不能分辨

当两个物点刚能分辨时,其对透镜中心的张角称为最小分辨角,它正好与艾里斑对透镜中心的张角相等。因此,对光学仪器而言,一个物点通过其所成的艾里斑越小,分辨率越高,于是对光学仪器分辨率定义为最小分辨角 $\phi_0 = 1.22\dfrac{\lambda}{D}$ 的倒数,即

$$R = \frac{D}{1.22\lambda}$$

这里 λ 为波长, D 为仪器口径, R 称为瑞利分辨率。

应用拓展

由于光波的衍射效应,要提高光学仪器的分辨率只有两个途径:

1. 加大光学仪器的通光口径;

2. 使用更短波长的光源。

电子显微镜的分辨率比普通显微镜的分辨率要高,就是因为电子的波长比可见光波的波长要短得多的缘故。

思考题

1. 为什么本实验用激光作为光源,用普通的可见光光源可以吗?

2. 你知道电子显微镜的分辨率是多少? 它是通过什么方法达到这么高的分辨率的?

3. 除了普通光学显微镜、电子显微镜外,请举出一些其他特殊显微镜,并说明其工作原理。

偏振万花筒
Polarization Kaleidoscope

　　万花筒是深受欢迎的光学玩具,给我们的童年带来无穷的快乐。正因为此,有些博物馆里把制作精美的万花筒当做美轮美奂的艺术作品来收藏。通常的万花筒利用镜面反射原理制成,而下面介绍的则是另一种偏振万花筒。

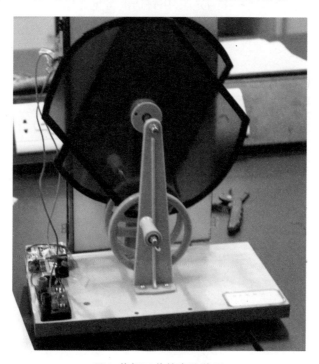

图1 偏振万花筒实验装置

实验装置

　　在图1装置中,前后是两片偏振片,中间为随意缠着透明胶条的胶片。将一片偏振片固定,另一偏振片和胶版固定在转轴上。

现象观察

摇动转轴手柄,适当地转动偏振片或胶片,就可以看到不断变化的五颜六色的图案。缠在胶片上的透明胶条越凌乱,得到的图案就越丰富,如图2所示。

现象解密

与传统万花筒利用光的反射原理不同,偏振万花筒利用的是光的另外两个重要性质——偏振和旋光。

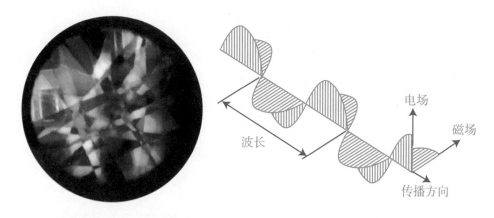

图2 偏振万花筒中看到的图案　　图3 光的振动方向与传播方向互相垂直

光是一种电磁波,电磁波是横波,即光波的振动方向与它的传播方向相互垂直,如图3所示。振动方向和光波前进方向构成的平面叫做振动面,光的振动面只限于某一固定方向的,叫做平面偏振光或线偏振光。通常光源发出的光,它的振动面不只限于一个固定方向而是在各个方向上均匀分布的,这种光叫做自然光。事实上自然光包含各个方向的偏振光,从而不易显现光的偏振特性。但是当光通过某些特殊材料时,只有偏振方向沿某一特定方向的光才能够通过,其余的光则全部被吸收。上面实验中使用的偏振片就是用这种特殊材料制作而成的,它使得通过它的光的偏振方向都在同一方向上。

光还有另外一个特性叫做旋光性,它指当偏振光通过某些特殊材料时,光的偏振方向将发生一定程度的旋转,旋转的幅度随材料、光的频率等因素而不同。绝大部分有机材料都是旋光材料。

上面的实验中,自然光经过第一个偏振片后,变成了线偏振光;再通过缠了胶

条的胶片后,因为胶条缠得比较零乱,并且不同区域胶条的厚度有所不同,偏振光中不同频率的光波其偏振方向转过的角度就有所不同;再经过另一个偏振片后,某些颜色的光就被滤掉了,所以就会在小孔中呈现出五颜六色的图案。

■ 知识拓展

偏振和旋光在日常生活中有着很广泛的应用。人们经常戴的偏光眼镜就是应用偏振原理制作而成的,它的镜片实际上相当于两片偏振片,自然光经过这两片偏振片后,大部分光都被滤掉了,使得光的强度大幅减弱,起到保护眼睛的作用。

立体电影也是应用偏振原理制成的。在观看立体电影时,我们都要戴一副特殊的眼镜,这副眼镜的镜片由偏振方向互相垂直的两个偏振片构成。在同一套胶片上的两套图像以不同偏振方向的光通过镜片,就使得两只眼睛所接收到的图像产生差异,进而产生立体感。

平时,当我们拍摄一些光滑物体时,由于它们的表面会产生反光现象,就会影响拍摄效果,难以表现物体表面的细节特征。利用偏振镜能有效地消除或减淡反光现象,在物证照相中,偏振镜得到广泛的应用。

■ 思考题

1. 本实验中的万花筒是应用什么原理制作的?

2. 偏振是横波所特有的还是纵波所特有的性质?

3. 不同频率的光经过同种旋光材料时,偏振方向旋转的幅度相同吗?

4. 本实验中为什么缠在胶片上的透明胶条越凌乱,得到的图案就越丰富?

近代物理部分

Part 04: Modern physics

原子能级
Atomic Energy-level

1900年,为解决经典物理在黑体辐射解释上的困难,普朗克创造性地提出了能量量子化的概念。随后,爱因斯坦利用光量子假设,成功解释了光电效应,证明了光具有粒子性。在此基础上,德布罗意提出微观粒子具有波粒二象性的假设,并被后来的实验所证实。量子力学的发展从此拉开了序幕。

为解释原子的光谱规律,玻尔提出定态假设和跃迁假设。他假设原子系统中存在着一些固定的稳定态,这些稳定态称为能级,电子的能量只能在这些能级之间变化,电子如果吸收足够的能量,就可以从低能级跃迁到高能级;而从高能级跃迁到低能级,则会通过电磁辐射的方式放出能量。弗兰克-赫兹实验有力地证实了原子能级的存在,为量子力学的发展做出重要的贡献。

实验装置

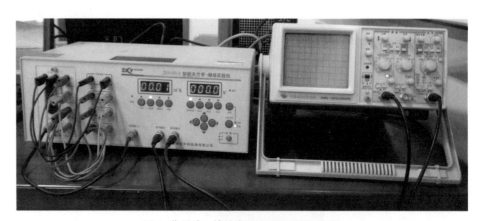

图1 弗兰克-赫兹实验仪和双踪示波器

ZKY-FH-2型智能弗兰克-赫兹实验仪,双踪示波器(图1),装有测试软件的电脑一台。

现象观察

把弗兰克-赫兹实验仪面板上的信号输出端口同示波器的通道1相连,把同步信号端口与示波器的外部信号端口相连,如图1所示。打开弗兰克-赫兹实验仪和示波器的电源开关,设定实验仪的电流测试挡为10μA,预热10分钟。

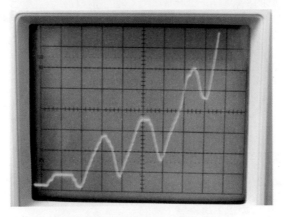

图2 氩原子的激发伏安特性曲线

打开电脑上的测试软件,点菜单上"开始实验",在弹出的窗口选择自动测试,灯丝电压设为3.5V,第一栅极电压V_{G1K}设为3V,拒斥电压V_{G2A}设为5V,第二栅极电压V_{G2K}最大设为80V。测试开始后,调节双踪示波器上的按钮,就会在示波器显示屏上得到如图2所示的伏安特性曲线。测量谱线的相邻峰之间的间距,就可以得到氩原子的激发电位,如图3所示。

弗兰克-赫兹实验结果

实验曲线

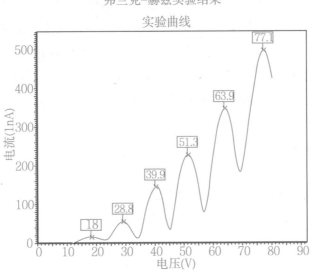

图3 第一激发电压

现象解密

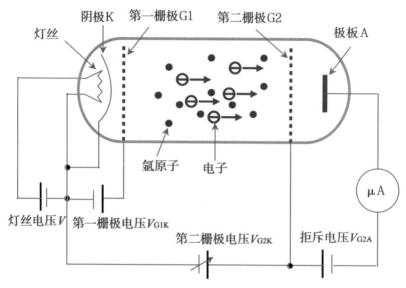

图4 弗兰克-赫兹实验原理示意图

弗兰克-赫兹实验的原理如图4所示,灯丝通电后,阴极K加热从而产生热电子。第一栅极电压可以减少空间电荷对阴极散射电子的影响,它同第二栅极电压一起作为热电子的加速电压,以使电场中的热电子获得越来越大的动能。拒斥电压V_{G2A}阻止能量较小的电子到达极板A,这样可以使伏安特性曲线更完美一些。

电子在加速电压的作用下获得较大动能,同管内的氩原子发生碰撞。如果加速电压很小,电子的能量就小,它们同氩原子碰撞后,不足以让氩原子激发,所以电子能量不能被吸收,类似于弹性碰撞。经多次碰撞后的电子穿过管子到底极板A而形成电流,并且此电流随着加速电压的增加而增加。如果电压进一步加大,电子获得足够的能量把氩原子激发到第一激发态(氩原子的第一激发态为11.5 V)。电子失去大部分能量后,剩余能量不足以到底极板A,所以电流会下降。继续增大电压,电流又会变大。如果电子的能量超过氩原子第一激发电压的两倍,电子可以经过连续两次碰撞氩原子而导致电流再次降低。依此类推,就可以得到图2所示的伏安特性曲线,而相邻的两个峰值间距就是氩原子的第一激发电压。

应用拓展

弗兰克-赫兹实验证明原子内部存在能级,为玻尔的能级假设提供了有力的佐证。作为近代历史上一个著名的实验,它对量子力学的发展起了积极的推动作用。弗兰克-赫兹实验在今天仍然是探索原子内部结构的重要手段之一,实验中采用拒斥电压筛除小能量电子的方法,已是广泛应用的现代实验手段。弗兰克和赫兹两人也因为这个卓越的实验而获得了1927年诺贝尔物理学奖。

思考题

1. 本实验为什么用低能电子来激发氩原子?

2. 为什么实验测出来的第一激发电位比实际值要大?

3. 图3中相邻的两个峰值间距为什么不是常数?而且随着电压的升高而增加?

开发太阳能
Solar Energy

太阳是离地球最近的恒星,"万物生长靠太阳",一句朴素的话道出了它对地球上生物繁衍生息所起的决定性作用。太阳象征了光明、向上、力量、希望和一切积极美好的事物,不论东方还是西方的神话传说中,都可以找到对太阳神的崇拜。而现在和将来,人类社会的持续飞速发展,还会越来越多地依赖太阳的赐予。

我们知道,科技的发展、生活的便利,都离不开大量能源的消耗,而石油、煤炭、天然气等传统资源的可开采量越来越少,总有一天会消耗殆尽,并且利用这些资源的同时给环境带来了污染。因此,为了经济的可持续发展和保护人类赖以生存的环境,必须大量开发绿色可再生能源,而太阳能则是未来新能源供应的主体。目前,利用太阳能主要有发热和发电两种途径。太阳能的热利用是聚集太阳光,把水加热成为热水甚至蒸汽以供工业和生活所需。太阳能发电则可以利用加热得到的蒸汽来推动发电机发电,而更重要的途径是通过光伏材料,直接把太阳光能转化为电能。那么,什么是光伏材料,为什么用太阳光照射一下,就可以获得电能呢?下面我们就通过一个演示实验来揭开其中的奥秘。

■ 实验装置

太阳能电池特性研究与应用综合实验仪(如图1所示)、实验专用信号源等。

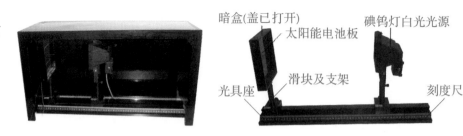

暗盒(盖已打开)   碘钨灯白光光源
太阳能电池板
光具座   滑块及支架   刻度尺

图1 太阳能电池特性研究与应用综合实验仪   图2 太阳能演示仪的结构示意图

■ 现象观察

用碘钨灯白光光源来代替太阳光作为实验光源,照射太阳能电池板。在光照的作用下,该电池板会产生光电流,让该电流对法拉第电容充电,充电完成后,就可以作为电池对外供电。再通过升压电路,可以把太阳能电池的电压升高以满足特定设备,譬如手机、平板电脑、照相机中的闪光灯以及便携式视频显示装置等设备的用电要求。

现象解密

为什么用太阳光照射一下,我们就可以得到电流呢?原来,这是利用了半导体的光电效应。我们以常用的硅材料来说明太阳能电池的工作原理。我们知道,硅原子周围有4个电子。在工艺上,可以向硅晶体里面掺入硼、磷等元素使其成为掺杂半导体。因为硼原子周围只有3个电子,当把硼原子掺入硅晶体后,硅晶体中会产生一些多余的空穴,而多余的电子很少。因为存在较多的空穴,这种掺杂半导体就称为 P(positive)型半导体。在 P 型半导体中,空穴为多子,而电子为少子。类似地,

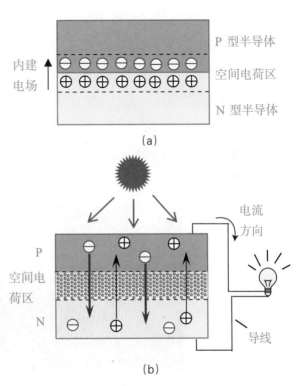

图3 (a)PN结的形成示意图

(b)太阳能电池的结构示意图

如果把磷原子掺入晶体硅中,则会产生一些多余的电子,这种掺杂半导体称为 N(negative)型半导体。在 N 型半导体中,电子为多子,空穴为少子。

如果把 P 型和 N 型半导体如图3(a)那样结合,就会在结合界面处存在空穴和电子的浓度差。P 型半导体内的空穴和 N 型半导体内的电子都要向对方扩散,扩散的结果是在 P 型半导体一侧界面附近留下带负电的电子,而在 N 型半导体一侧留下带正电的空穴。于是在它们的交界面处形成了一层很薄的空间电荷层,此薄层就是 PN 结。

当太阳光照到PN结上时,会形成新的光生空穴–电子对。PN结中形成的内建电场,会阻止多子扩散,促进少子漂移。也就是说,P型半导体内产生的空穴和N型半导体内产生的电子,被空间电荷层阻挡而越不过PN结。而P型半导体产生的电子和N型半导体内产生的空穴会在内建电场作用下漂移通过PN结。这样,光照产生的空穴–电子对被内建电场分离,光生空穴被拉入P型半导体内,电子被拉入N型半导体内,如图3(b)所示。这样会导致在P型半导体的外边缘有空穴积累,而在N型半导体的边缘有电子积累,因此就产生了光生电势差。如果用导线连接,就有结电流从P型半导体流向N型半导体。这就是太阳能电池的工作原理。

■ 应用拓展

目前人类利用太阳能处于初级阶段,主要利用方式有太阳能集热、太阳能热水系统、太阳能暖房和太阳能发电等方式。对于太阳能的热利用,大量的太阳能热水器已经进入千家万户。

图4 太阳能发电站

而直接把光能转化为电能,即利用太阳能来发电的利用方式,有更为广泛的开发潜力和利用价值。现在太阳能发电电厂在世界各地都有,图4就是某太阳能发电站的全景。另外,利用太阳能电池制作许多小电器、路灯和遮阳伞等生活用品,在我们的生活中也越来越普遍。这些器件的共同特点就是节能而环保。图5给出了一些利用太阳能电池制作的器件。太阳能也可能是未来直接利用在交通工具上的替代能源。现在太阳能已经用在汽车和一些飞行器上,如图6所示。2007年在澳洲举办的太阳能车赛中,得奖者完成了从达尔文到阿德雷德之间3012公里的比赛,平均时速可高达90km/h。

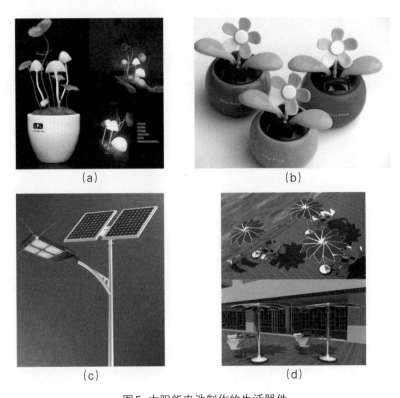

图5 太阳能电池制作的生活器件

(a)蘑菇灯　(b)太阳能花　(c)太阳能路灯　(d)太阳能遮阳伞(可对手机等电器充电)

(a) 太阳能车　　　　　　　　　(b) 太阳能飞行器

图6 太阳能在一些交通工具上的应用

　　虽然在太阳能的利用上,人类已经取得了长足的进步,但还远远不够。同学们在以后的学习和生活中,努力思考去制造出效率更高的太阳能电池,为我们生活更加绿色环保做出自己的贡献。

■ **思考题**

1. 太阳能电池的工作原理是什么？它同普通电池有什么区别？
2. 列举生活中有哪些太阳能的利用？
3. 思考并试着设计一种利用太阳能的小发明或小制作。

记忆合金
Shape Memory Alloys

我们常常用"铁树开花"来比喻事情非常罕见或极难实现。其实这个成语适用于在北方种植的铁树（又名苏铁），因为它喜欢南方温暖潮湿的气候，如果移植到寒冷干燥的北方，就很难正常地开花结果。不过，铁树毕竟是一种活的绿色植物，假使给它制造合适的生长环境，即便在北方，它也会经常开花甚至结果。但你能想象一朵"金属花"，它由坚硬而毫无生命迹象的金属制成，也会绚烂绽放吗？

■ 实验装置

形状记忆合金花、热涨弹簧、热缩弹簧（如图1所示）、盛水的容器两只、冷水和热水，竹镊子等。

图1 形状记忆合金花、热涨（缩）弹簧

■ 现象观察

1. 形状记忆合金花绽放与闭合现象观察

两个容器分别盛有冷水和热水，记忆合金花没有放入水中时是闭合的。把花朵浸入热水，可以看到花朵绽开，从热水中取出盛开的合金花，如图2(a)所示。然后把它浸入冷水或者置于空气中，会看到花朵慢慢闭合成原来的样子，如图2(b)，像是能记住原来的形状一样。再放入热水中,花朵重又绽放,放入冷水又会闭合。重复多次都是一样的结果。

(a)浸入热水后　　　　　　(b)浸入冷水或放置常温环境中

图2 不同温度环境中的记忆合金花的状态

2. 热涨和热缩弹簧的现象观察

两根记忆合金弹簧中,较短的那根是热涨弹簧,较长是热缩弹簧。首先把热涨弹簧放入热水中,弹簧会迅速伸长,用竹镊子夹出放入冷水中,它会迅速缩短成原来的形状。再放入热水,又会伸长,可以不断重复。同样的,热缩弹簧也有类似的现象,只是它放入热水会收缩,放入冷水会伸长到原来的形状。

■ 现象解密

形状记忆合金难道真的像人一样,能够记起自己以前的样子,从而在合适的条件下,有意识地恢复到原来的形状吗?答案当然是否定的。记忆合金能够在一定条件下恢复到原来的形状,不是它存在意识,而是源于一种它自身结构的热弹性马氏体相变。以典型的镍钛记忆合金为例,在不同的温度条件下,它存在两种结构不同的晶体结构相——马氏体相和奥氏体相,如图3所示。这两种相结构会随着温度的变化而相互转换,马氏体相是在温度较低情况下的状态,而奥氏体是温度较高时的状态,两种相发生转变的温度称为相变温度。一般的镍钛记忆合金的相变温度为40℃,也就是说,在40℃以下,这种合金以马氏体晶体结构相存在,而在40℃以上,则以奥氏体晶体结构相存在。如果我们制作的记忆合金花在奥氏体相下是盛开的,则温度降低到相变温度以下后,花朵会转变为马氏体相,花朵闭合;但当温度再次升高到相变温度以上,合金花又会转变为奥氏体相,回到原来盛开的样子。原来,记忆合金在相变温度上下存在两种截然不同的晶体结构相才是它神奇记忆功能的真正原因。

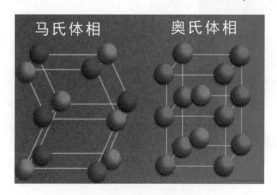

图3 镍钛记忆合金的两种基本相结构

除了镍钛记忆合金,人们在铜锌、铜铝镍、铜芯铝等几十种合金中也发现了与马氏体相变有关的形状记忆效应,有关形状记忆合金的研究和应用也逐渐成为科学研究的一个重要课题。

▨ 应用拓展

独特的形状记忆功能,决定了记忆合金的广泛应用前景。目前记忆合金已经在航空航天技术、机械控制、热机和医疗等领域得到了应用。

早在1969年美国的登月计划中,就已经用记忆合金在常温下制作成天线,然后于低温下把它压成一团放入登月舱,如图4所示。登上月球后,在太阳光的照射下,月球表面的温度使记忆合金天线的晶体结构发生相变,重新"记起了"本来的形状,变回一个巨大的球形天线。

图4 记忆合金制作的天线用于航天

形状记忆合金还适用于热机械和自动化控制方面,如制成智能控制开关等。另外,用记忆合金制成套管可以代替焊接,在管道结合领域效果非常好。

(a)中国科技馆的魔力水车

(b)魔力水车的结构与工作示意图

图5 魔力水车和其工作示意图

图5(a)是中国科技馆展出的利用形状记忆合金制作的"魔力水车",它的一部分浸入热水槽中,另一部分暴露在空气中。热水和空气之间的温差,可以使得这个水车像"永动机"一样转动不停。原因如图5(b)所示,当记忆合金制作的水车叶片进入热水后,它的晶体结构相发生变化而叶片展开,对热水产生一个作用力,在水的反作用力的推动下产生转动;当叶片出水后,在较低室温下自动恢复卷曲的样子。整个水车的叶片连续地出水、入水,叶片的卷舒给水车提供了持续不断的动力,这样水车就不停地转动起来。

图6 记忆合金接骨

记忆合金在医疗上的应用也是令人侧目的。譬如,在较低温度下用记忆合金接骨板固定断骨,手术完成后记忆合金在体温作用下恢复原来的形状,产生的收缩力把断骨牢牢接合在一起。图6是一部分医用的记忆合金接骨板。此外,矫牙用的矫齿丝、脊柱矫直用的支板、血栓滤器和人造心脏等医疗器材,都是利用植入人体后体温的作用来工作的。

▨ 思考题

1. 形状记忆合金真的像人一样具有有意识的记忆吗? 它的记忆机理是什么?
2. 请利用形状记忆合金的神奇特性,给出一个小制作的设计方案。

有机电致发光器

Organic Light-Emitting Device（OLED）

当电视机、计算机的显示器还是阴极射线管（CRT）时，我们对它的厚重习以为常。液晶屏有轻薄、节电、低辐射等特点。正因为如此，它迅速取代阴极射线管成为显示器的主流。科技的发展是日新月异的，如今液晶屏的地位必将被更先进的显示设备所取代。本实验将介绍有机电致发光器件（OLED），用OLED制成的显示器不但比液晶屏更轻更薄更省电，色彩更加艳丽逼真，而且可以卷曲折叠，即使外部光线很强，也能清晰显示，所以很可能成为液晶显示的终结者。

■ 实验装置

OLED显示器、普通液晶显示器、老式阴极射线管显示器各一台。

■ 现象观察

从外观上比较三种不同显示器在厚度和重量上的差别。显而易见，阴极射线管显示器是非常笨重的，而液晶显示器则轻薄很多，OLED显示器最薄，厚度仅为液晶显示器的三分之一，质量也是最小的。

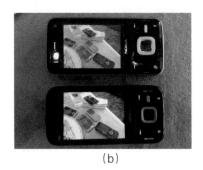

(a)　　　　　　　　　　　　　　(b)

图1 OLED和液晶屏的显示效果对比

(a)左边为OLED，右侧为液晶屏　(b)上图为液晶屏，下图为OLED屏

图片来源：http://www.symbian−guru.com/wp−content/uploads/2008/08/oled_vs_ lcd_2full.jpg

打开OLED显示器和液晶显示器,观察两者成像的色彩质量以及在强光下的清晰程度。图1(a)是两种显示器的色彩对比效果图,可以看出,OLED显示屏的色彩更加清晰艳丽。图1(b)是两款性能相近、但分别采用OLED屏和液晶屏的手机的显示效果对比图,OLED屏的优势明显。把两种显示器置于强光环境,譬如阳光下,液晶显示屏很难看清屏幕上的内容,而OLED屏却仍然显示清晰。

■ 现象解密

液晶显示器需要用背景光源照亮,因此强光会使它的显示效果变差,而OLED的自身结构特点决定了它不受环境亮度的影响。

典型的有机电致发光器件如图2所示,它是由上下两个电极和夹在中间的具有半导体性质的有机薄膜(所有薄膜的厚度加在一起不超过$0.2\mu m$)构成,其中一个电极是透明的,以便于产生的光能从该电极射出。整个器件制作在透明基底(玻璃衬底)上,用透明的ITO涂在玻璃衬底上面,通过蚀刻成条状后作为器件的阳极,然后通过真空热蒸发沉积的方式依次沉积空穴注入层、发光层和电子传输层,然后通过热蒸发沉积或电子束沉积的方式蒸镀低功函数的金属作为器件的阴极,封装后即可得到一个简单的OLED器件。

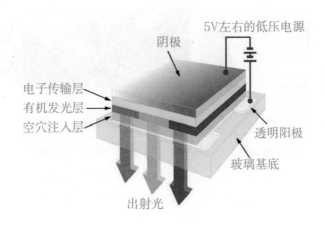

图2 典型的OLED器件结构示意图

当把5V左右的低压直流电加在两个电极上时,空穴和电子会分别通过阳极和阴极进入到空穴注入层和电子传输层中。在外加电场的作用下,空穴和电子在各自的传输层中相向迁移到有机发光层,因为有机物不容易导电,所以空穴和电子在有机层内运动得比较慢,相互靠近的空穴和电子通过静电库仑力相互作用而束缚形成激子,部分激子以辐射衰减的方式释放能量,释放的能量转换为光子而导致发光。

由上述发光机制可见,OLED是自发光,不需要背景光源来照亮,而且只需要很低的电压就可以发光,所以能耗很低。OLED使用的有机材料成本较低,这也有利于该器件的大规模推广。当然,OLED器件还有一些缺点,要成为现在主流显示器的替代品,仍需要不断探索和研究改进其性能。

■ 应用拓展

OLED的另一个优势是,它可以选择柔性可弯曲的透明材料作为衬底,把透明阳极、有机材料和阴极蒸镀其上,制备成柔性OLED器件。最新报道称,多伦多大学的研究人员把厚度仅为50~100 nm的钽氧化物薄片贴在软性塑料上,制备出经久耐用、抗冲击性强的高效柔性OLED器件,如图3(a)。我们有理由相信,可折叠的显示器不久将走入我们的生活中。

(a)   (b)

图3 柔性OLED的一些例子 (a)高效柔性OLED展示 (b)可折叠的OLED

目前,一些小屏幕的OLED器件已应用于手机、数码相机和掌上电脑。大屏幕的OLED器件也在不断推出。图4(a)所示的OLED电视,厚度非常薄,而亮度和色彩却极其丰富;图4(b)所示的由OLED制备的3D电视,无论色彩、亮度与立体效果都比液晶屏要强很多。

图4(c)是三菱公司推出的目前世界上屏幕最大的OLED显示器,尺寸达155寸,亮度比普通液晶显示器或等离子显示器高3~4倍,明暗对比是液晶电视的2倍。

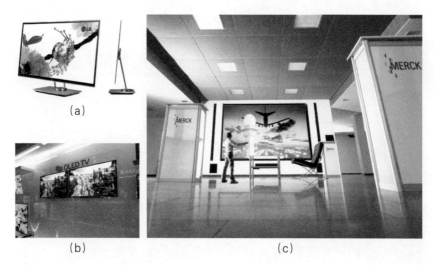

(a)

(b)　　　　　　　　　　　(c)

图4 几种OLED显示器　(a)超薄的OLED电视　(b)3D OLED电视　(c)最大的OLED显示屏

思考题

1. OLED同液晶显示器相比,有哪些优点和缺点?

2. 根据OLED的特点,想想在生活中它还可以有哪些应用?

超导磁悬浮列车(一)

Levitated Superconducting Magnet Train (1)

随着科技的进步,人们的出行越来越便捷。我国的列车已从普快、特快、动车,发展到高铁,车速越来越快。磁悬浮列车更是21世纪理想的超级特别快车,因为摆脱了地面的摩擦力,最高时速可达400公里以上,创造了近乎"零高度"飞行的奇迹。2003年1月4日,世界上第一条商业磁悬浮列车开始在上海正式运营。随着超导磁悬浮技术的研究进展,磁悬浮列车将变得更快、更稳、更安全。超导电性自1911年发现以来,一直是物理学家们研究的课题。那么,超导电性有哪些神奇的现象呢? 下面我们就通过超导磁悬浮演示实验来一探端倪。

实验装置

钇钡铜氧系超导块材、圆柱形永磁铁、液氮、液氮容器、超导磁悬浮车演示装置等。

超导磁悬浮车演示装置如图1所示,由环形轨道、底盘、超导小车和磁感应辅助驱动系统组成。其中轨道由铁环和吸附其上的NdFeB永久磁铁材料构成;超导小车由小车模型、低温杜瓦容器和高性能单畴钇钡铜氧超导块材构成。

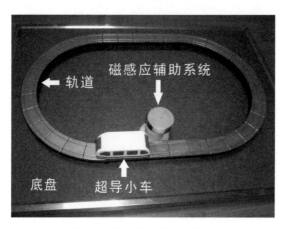

图1 超导磁悬浮车演示装置

■ 现象观察

1. 超导块材和永磁铁吸引的现象观察

首先把超导块材放入空的杜瓦容器内,将永磁铁放置其上,没有观察到它们相互吸引的迹象。然后拿掉永磁铁,把液氮倒入容器,使其浸没超导块材,再把永磁铁放置其上,观察到永磁铁悬浮在超导块材的上方,用手转动永磁铁,永磁铁会在空中旋转。用手把永磁铁向上方提起,超导块材也会随之升起而不掉落。把两者移到容器外的桌面上,随着周围环境温度的升高,过段时间后,悬浮于上空的永磁铁会慢慢落回到失去超导特性的超导块材上。

图2 超导磁悬浮现象,上方的黑色物体为永磁铁,
正下方黑色的物体为浸在液氮中的超导块材。

2. 超导磁悬浮车的现象观察

在杜瓦瓶中冲入液氮,小车内的超导材料就处于超导体状态。将超导小车放在磁性轨道上,给小车一个初速度,小车就会沿着环形轨道运行。经过轨道旁的磁感应辅助驱动系统时,小车获得一个驱动力而继续运行,只要小车内的超导块一直浸在液氮中,小车就会不断运行下去。

■ 现象解密

超导现象是荷兰科学家卡默林·昂内斯(Kamerlingh Onnes)于1911年在液氦中冷却汞时首次发现的。在超导状态下,材料的直流电阻变为零,电流可以无衰减地在超导体内流动。除了零电阻,超导体的另一个典型特征就是完全抗磁性,也称为迈斯纳效应(Meissner effect)。

图3 卡默林·昂内斯

迈斯纳效应表明,处于超导状态的块材放在磁场中,其内部磁场为零,对磁场完全排斥,即表现出完全抗磁性,如图4所示。目前已经知道,低温超导现象是由于材料内部的传导电子形成有序电子对所致,这种有序的本质可以通过著名的BCS理论来解释,有兴趣的同学可以查阅相关资料来了解,而高温超导现象目前还没有成熟理论去解释,有待于进一步的探索研究。

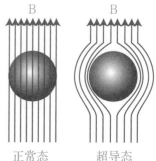

图4 磁场可以穿过一般的材料,而被超导体完全排斥在外

当我们将一个永磁铁靠近超导体时,因为永磁铁的磁力线被超导体完全排斥在外,所以会在超导体表面附近形成一个很大的磁通量密度梯度,如图4所示。根据法拉第电磁感应定律,这个磁通密度梯度会感应出很高的屏蔽电流,因为超导体的零电阻特性,这个感应电流几乎不随时间而衰减,感应电流会产生很强的磁场,该磁场与永磁铁的磁场之间会产生排斥力,排斥力随两者之间的距离减小而增大。因此在某个高度,当排斥力同永磁铁的重力相当时,永磁铁就会悬浮在空中。而且,由于感应电流在超导体中不会衰减,永磁铁可以一直保持在这个高度。

当把永磁铁向上方提起时,实验发现有一个力吸引超导体(你知道是什么原因吗?),如吸引力大于超导体的重力时,超导体就会被拉起,而悬挂在永磁体的下方空中。当超导体离开液氮环境后,温度逐渐升高,在超过某一个温度后,超导性能就会消失,超导体变成正常的材料,不再具有超导的神奇性能了。

▣ 应用拓展

超导材料的零电阻和完全抗磁性,决定了它们的广阔应用前景。完全抗磁性导致的磁悬浮特性,使世界各国对超导磁悬浮列车的研究产生了极大的兴趣,日本、德国等国家研制的超导磁悬浮列车已达到商业运行标准。相信在不久的将来,更加快捷、平稳、安全的超导磁悬浮列车会进一步提升我们的生活质量。

除了交通,超导材料还在发电、输电和储能、超导计算机、热核聚变反应堆等方面都有巨大的应用前景。我们知道,用常规材料产生10万高斯以上的强磁场,需要消耗3.5兆瓦的电能和大量的冷却水,而超导材料的零电阻和完全抗磁性,只需消耗很少的电能,就可以获得同样强度的磁场。因此,用超导材料制成的交流超导发电机比传统发电机重量更轻、体积更小、发电效率更高,而发电容量却可以提高

5~10倍。用铜做导线来输电,损耗在输电线路上的电能会占到总电能的15%,而超导材料做导线的话,几乎可以无损耗地把电能输送出去。

图5 超导磁悬浮列车

计算机的飞速发展,对集成电路芯片上元件的集成程度要求越来越高,于是散热是个大问题。但如果用超导材料作为元件的话,由于其零电阻的特点,基本上不会发热,所以不用考虑散热问题。另外,热核聚变反应时,温度可高达1亿~2亿摄氏度,这么高的温度,只能用强磁场把反应堆中的超高温等离子束缚住,而这种强磁场可以通过超导材料轻易实现。

图6 电影《阿凡达》中的悬浮山

目前,虽然超导材料的临界温度越来越高,但超导状态的获得,还是必须在零

下一百多摄氏度的环境中。如果未来我们能找到常温超导材料,那么超导必将会给我们的生活带来莫大的惊喜。电影《阿凡达》中神秘的悬浮山,就是因为潘多拉星球的地底富含超导矿石,可以让上面的山体处于磁悬浮状态。如果我们能找到或创造出常温超导材料,那么这种情景也会出现在我们的现实生活中。如果利用超导材料制作飞行器,那么利用地球的磁场,也许我们可以在空中悬停、快速飞行,这不就是传说中的UFO?

图7 UFO想象图

思考题

1. 请列举出超导磁悬浮列车可能存在的缺点或不足。
2. 如果能够制备出常温超导材料,你能想象出其他应用吗?

超导磁悬浮列车(二)
Levitated Superconducting Magnet Train (2)

随着科技的进步,运输工具的运输速度得到了大幅提高。目前人类已经进入到高铁时代,高铁在不断改变人们的生活方式。磁悬浮列车是高速列车,它的速度可达每小时400~500公里,适合于城市间的长距离快速运输,而超导磁悬浮列车的速度则可达到每小时500公里以上。我国上海在2003年建成世界上第一条商业运营的磁悬浮列车,而超导磁悬浮列车目前也在湖北随州筹建中,一旦建成,就可坐上"飞行一般的火车",体验高科技给人们带来的便捷和快速。

实验装置

1. 高温超导磁悬浮列车演示仪(如图1)一套,由仪器底座、立柱、椭圆形磁轭、永磁体磁导轨等组成。其中磁导轨是用550mm×240mm×3mm的椭圆形低碳钢板作磁轭,按图2(b)辅以18mm×10mm×6mm的钕铁硼永磁体,形成磁性导轨,两边轨道仅起保证超导体周期运动的磁约束作用。

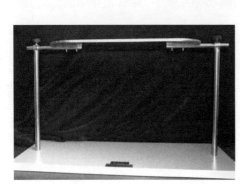

图1 高温超导磁悬浮列车演示仪

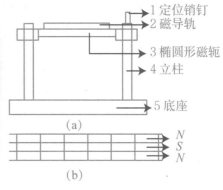

1 定位销钉
2 磁导轨
3 椭圆形磁轭
4 立柱
5 底座

(a)

(b)

图2 高温超导磁悬浮列车结构图

2. 高温超导体,是用熔融结构生长工艺制备的含Ag的YBaCuO系列高温超导体。它在液氮温度77K(−196℃)下呈现出超导电性,不同于以往在液氦温度4.2K(−269℃)以下呈现出超导电性的传统低温超导体。实验用的样品为圆盘状,直径18 mm左右,厚度为6mm,其临界转变温度为90K左右(−183℃)。

3. 液氮,盛于杜瓦瓶中以维持液态。

■ 现象观察

1. 演示磁悬浮

将在液氮中浸泡约 3～5min 后的超导样品用竹夹子夹出,放在磁体的中央,使其悬浮在高度为 10mm 处,以保持稳定。再用竹夹沿轨道水平方向轻推样品,使其沿轨道做周期性水平运动,直到它落到轨道上。

2. 演示磁倒挂

把磁导轨定位销拔掉,然后翻转 180°,使导轨朝下,再将定位销插上。将在液氮中浸泡约 3～5min 后的超导样品用竹夹子夹出,放在轨道下方,用竹夹推到距轨道约 10mm 处,并沿水平方向轻推,则样品可在磁导轨下方作周期性运动。

■ 现象解密

超导电性是指超导体在低温度下的零电阻性质,即电流通过时不会有任何损耗,同时它还具有迈斯纳抗磁性质,即磁场被排出体外。本实验中用的是钇钡铜氧(YBaCuO)高温超导体,把它置于永磁体上方时,在样品表面产生屏蔽电流。该屏蔽电流产生磁场,与永磁体磁场相排斥,克服样品重力使其悬浮在永磁体上方一定高度。

相反,当将超导体样品置于磁导轨下方时,在其下落过程中同样会产生屏蔽电流,但该屏蔽电流产生的磁场,与永磁体的磁场相互吸引,克服超导体的重力,使其倒挂在永磁体下方的某一位置上。

■ 应用拓展

超导技术的应用,使磁悬浮列车的速度再次实现一个质的飞跃。但是磁悬浮系统是以电磁力完成悬浮、导向和驱动的,断电后磁悬浮的安全保障措施,尤其是列车停电后的制动问题仍然是当前需要迫切解决的问题。另外,它的高速稳定性和可靠性还需很长时间的运行考验,特别是针对超导磁悬浮列车来说,涡流效应悬浮能耗会很大,强磁场对人体与环境都有影响,对于这些问题,你有什么好的建议或良策?

■ 思考题

1. 本实验中,超导样品在磁导轨上的运行时间最主要取决于什么因素?

2. 如何让超导样品在磁导轨上运行更长时间?

3. 超导体与常导体相比,有哪些主要特性?